Filiz Karacan

Ultraviyole Işınların Katalizörlü Ortamda Kömür Sıvılaşmasına Etkisi

Filiz Karacan

Ultraviyole Işınların Katalizörlü Ortamda Kömür Sıvılaşmasına Etkisi

Türkiye Alim Kitapları

Impressum / Künye
Bibliografische Information der Deutschen Nationalbibliothek: Die Deutsche Nationalbibliothek verzeichnet diese Publikation in der Deutschen Nationalbibliografie; detaillierte bibliografische Daten sind im Internet über http://dnb.d-nb.de abrufbar.

Deutsche Nationalbibliothek tarafından yayınlanan bibliyografik bilgiler: Deutsche Nationalbibliothek, bu yayını Deutsche Nationalbibliografie'de listeler; detaylı bibliyografik bilgi İnternet'te http://dnb.d-nb.de sitesinde mevcuttur.

Coverbild / Kitap kapağı resmi: www.ingimage.com

Verlag / Yayıncı:
Türkiye Alim Kitapları
ist ein Imprint der / yayınevinin bir ticari markasıdır
OmniScriptum GmbH & Co. KG
Heinrich-Böcking-Str. 6-8, 66121 Saarbrücken, Deutschland / Almanya
Email / E-posta: info@turkiye-alim-kitaplary.com

Herstellung: siehe letzte Seite /
Basım yeri: son sayfaya bakın
ISBN: 978-3-639-67322-7

ÖZET

Doktora Tezi

ULTRAVİYOLE IŞINLARIN KATALİZÖRLÜ ORTAMDA
KÖMÜR SIVILAŞMASINA ETKİSİ

Filiz KARACAN

Ankara Üniversitesi
Fen Bilimleri Enstitüsü
Kimya Mühendisliği Anabilim Dalı

Danışman : Prof. Dr. Taner TOĞRUL

Beypazarı ve Tunçbilek linyitlerinin oda sıcaklığında ve atmosferik basınçta TiO_2, ZnO ve $ZnCl_2$ katalizörleri varlığında tetralindeki çözünürlüğüne UV ışınlarının etkisi incelenmiştir. Sıvı ürün ve fraksiyonlara dağılımın ışınlama süresi ve ışın gücü ile değişimleri belirlenmiştir.

Deneyler katalizörlü ve katalizörsüz ortamlarda ağırlıkça 5/1 çözücü/linyit oranında, %5 (ağ.) katalizör derişiminde, 1-10 gün ışınlama süresi ve 0-180 Watt ışın gücü aralığında gerçekleştirilmiştir. Elde edilen sıvı ürünler ardı ardına çözücü ekstraksiyonu ile yağ, asfalten ve preasfalten olmak üzere fraksiyonlara ayrılmıştır. Sıvılaştırma işlemi sonunda elde edilen çarın kül, uçucu madde ve kükürt içerikleri tayin edilerek % uzaklaştırılan kül, uçucu madde ve kükürt miktarları hesaplanmıştır.

Her iki linyitte de genel olarak ışınlama süresinin ve ışın gücünün artması ile sıvı veriminin arttığı bulunmuş olup sıvı ürün oluşum mekanizmasının linyit tipine bağlı olduğu gözlenmiştir. Elde edilen sonuçlar, kömür sıvılaştırılmasında UV ışın enerjisinin etkin bir enerji kaynağı olduğunu göstermiştir.

TiO_2 ve ZnO katalizörlerinin varlığında, Tunçbilek linyitinde katalizörsüz durumdakine göre daha düşük sıvı ürün verimi elde edilmiştir. Beypazarı linyitinde katalizörsüz durumda sıvı ürün verimi tepkime süresiyle kararlı bir şekilde artarken katalizörlerin varlığında artma ve azalmalar görülmüştür. $ZnCl_2$ tuzunun kömür partikülleri üzerine emdirilmesi her iki linyitte de sıvı ürün oluşum mekanizmasını etkilemiş olup Beypazarı linyitinde maksimum,Tunçbilek linyitinde ise katalizörsüz durumdakine yakın sıvı ürün verimi elde edilmiştir. Bütün tepkime koşullarında, toplam sıvı ve yağ verimleri süre ile artarken asfalten ve preasfalten verimlerinde önemli değişiklikler gözlenmemiştir.

Tunçbilek linyitinin kükürt içeriğinin çoğunluğu uzaklaşırken Beypazarı linyitinde çarda kalmıştır. En fazla yanar kükürtte uzaklaşma elde edilmiştir. Işın gücünün artması uzaklaştırılan kül, toplam ve yanar kükürt davranışını etkilemiştir. Uzaklaştırılan kül, uçucu madde, toplam ve yanar kükürt miktarlarının ışın gücü ve ışınlama süresi ile değiştiği gözlenmiştir.

2004, 112 sayfa

ANAHTAR KELİMELER : Linyit, UV ışınları, fotokatalitik sıvılaştırma, desülfürizasyon

ABSTRACT

Ph. D. Thesis

EFFECT OF UV IRRADIATION ON LIQUEFACTION OF COAL IN THE PRESENCE OF CATALYST

Filiz KARACAN

Ankara University
Graduate School of Natural and Applied Sciences
Department of Chemical Engineering

Supervisor : Prof. Dr. Taner TOĞRUL

The effect of UV irradiation on the dissolution of Beypazarı and Tunçbilek lignites in tetralin was investigated under ambient conditions in the presence of TiO_2, ZnO and $ZnCl_2$ catalysis. The changes in the liquid product and fraction distrubition with irradiation time and power were determined.

Experiments were carried out at the value of 5/1 of solvent/lignite ratio, 5 % (wt) of catalyst concentration, irradiation time ranging from 1 to 10 days and irradiation power ranging from 0-180 Watt in the presence or absence of catalyst. The liquid products were divided into the fractions of oil, asphalten and preasphalten by successive solvent extraction.The ash, volatile matter and sulphur content of char obtained from liquefaction process were analyzed. Then, % removal amounts of ash, volatile matter and sulphur from lignites were calculated.

Generally, the liquid yields increased with increasing irradiation time and power for both lignites. It was observed that the mechanism of formation of liquid product depends on the lignite type. The data obtained in this study indicated that UV irradiation was the effective energy source in the coal liquefaction.

In the presence of TiO_2 and ZnO catalysis, the lower liquid yield from Tunçbilek lignite was obtained according to the case of absence of catalyst. While the liquid yield from Beypazarı lignite increased steadily with reaction time in the case of absence of catalyst, the increase or the decrease in the liquid yield were seen in the presence of catalysis. Impregnating of $ZnCl_2$ salt affected the liquid formation mechanism for both lignites. Therefore, the liquid yield obtained from Beypazarı lignite reached a maximum value, whereas that of obtained from Tunçbilek lignite was closed to that of the case of absence of catalyst. Under all conditions, the yields of total liquid and oil increased with time, but important changes were not observed in the yields of asphalten and preasphalten .

While the most of sulphur content of Tunçbilek lignite was removed, the most of that of Beypazarı lignite was remained in the char. The highest removal was obtained in the combustible sulphur. Increasing irradiation power influenced the behavior of removing ash, total and combustible sulphur. It was observed that removal amounts of ash, volatile matter, total and combustable sulphur were changed with irradiation time and power.

2004, 112 pages
Key Words : Lignite, UV irradiation, photocatalytic liquefaction, desulphurization

ÖNSÖZ ve TEŞEKKÜR

'Ultraviyole Işınların Katalizörlü Ortamda Kömür Sıvılaşmasına Etkisi' nin incelendiği bu çalışma Ankara Üniversitesi Bilimsel Araştırma Projeleri (BAP) Müdürlüğünce 2002.07.45.005 no'lu proje kapsamında desteklenmiştir.

Çalışmalarım sırasında derin bilgi ve deyimlerini esirgemeyen ve manevi yönden de her zaman destek olan danışman hocam sayın Prof. Dr. Taner TOĞRUL'a (Ankara Üniversitesi Müh. Fak. Kimya Müh. Bölümü) sonsuz saygı ve teşekkürlerimi sunarım.

Çalışmalarımın devamında her türlü yardımlarını ve derin bilgisini esirgemeyen Yrd. Doç. Dr. Emir H. ŞİMŞEK'e (Ankara Üniversitesi Müh. Fak. Kimya Müh. Bölümü) ve çalışmalarımın başından sonuna kadar her türlü sıkıntılarımda rahatlıkla başvurduğum ve her sorunuma mutlaka çözüm bulabilen, yardımlarını hiçbir zaman esirgemeyen Yrd. Doç. Dr. Ali KARADUMAN'a (Ankara Üniversitesi Müh. Fak. Kimya Müh. Bölümü) sonsuz teşekkür ederim. Her türlü laboratuar imkanlarından yararlanmamı sağlayan ve güler yüzü için sayın hocam Prof. Dr. Ali Y. BİLGESÜ' a (Ankara Üniversitesi Müh. Fak. Kimya Müh. Bölümü) ayrıca çok teşekkür ederim.

Maddi desteklerinden dolayı Ankara Üniversitesi BAP Müdürlüğüne ve deneysel çalışmalarımın yürütülmesinde bana yol açıp imkan veren Maden Tetkik Arama Genel Müd., MAT dairesine ayrıca çok teşekkür ederim.

Her zaman manevi desteğini hissettiğim sevgili arkadaşım Fatoş Bütün'e içtenlikle teşekkürlerimi sunarım. Çalışmalarımın başlangıcından bitimine kadar hiç bir emeğini esirgemeyip, bütün güçlüklerimi benimle paylaşıp destek olan sevgili eşim Süleyman KARACAN'nın katkı ve desteği için sonsuz teşekkür ederim.

Ayrıca, deneysel çalışmalarımın başlangıcında dünyaya gelen canım oğlum Erenay'ın bakımındaki özverileri için sevgili annem ve babama teşekkürü bir borç bilirim.

Filiz KARACAN

Ankara, Mart 2004

İÇİNDEKİLER

ŞEKİLLER DİZİNİ

ÇİZELGELER DİZİNİ

SİMGELER DİZİNİ

Ağ.	Ağırlıkça
AS	Asfalten
PAS	Preasfalten
hkt	Havada kuru temel
kkt	Kuru külsüz temel
THF	Tetrahidrofuran
λ	Dalga boyu
ν	Frekans
μm	Mikrometre
S_{toplam}	Toplam kükürt
S_{yanar}	Yanar kükürt
Hz	Hertz
emd.	emdirilmiş

1. GİRİŞ

Kömür, değişik oranlarda organik ve inorganik bileşenler içeren tortul bir kayaçtır ve ekstraksiyonla ayrılabilen çözünmüş organik madde içeren, üç boyutlu, çapraz bağlanmış makromoleküler ağlar topluluğu olarak tanımlanabilir. Kömürün ana elemanları, karbon ve hidrojendir; kömür aynı zamanda, önemli ölçüde, oksijen, kükürt ve azot içerir. Kömürün yapısı içinde, aromatikler ve hidroaromatikler, temel yapı taşlarıdır ve aromatik hidrojen/karbon oranı, kömürleşme derecesi artıkça düşer. Kömürdeki hidrojen/karbon oranının petroldekine göre düşük oluşu nedeniyle, kömürün sıvı ürünlere dönüşümü, önemli ölçüde hidrojen eklenmesi veya fazla karbonun uzaklaştırılması ile sağlanabilir.

Fosil kökenli olan bu yakıt, insanlığın gelişmesinde önemli bir rol oynamıştır. Günümüzde diğer yakıtlar kömürün yerini kısmen alsa da, en fazla rezervi olan bir enerji ham maddesi olarak kömür, uzun yıllar boyunca insanlığın hizmetinde olacaktır. Dünyadaki enerji tüketimi, yeni bir yüzyıla girerken hızla artmaktadır. Dolayısıyla, enerji gereksiniminin karşılanması için yeni kaynakların yaratılması ya da var olan kaynakların daha verimli olarak kullanılması zorunlu hale gelmektedir. Halen, dünya enerji gereksiniminin %80'i kömür, petrol ve doğal gaz gibi fosil yakıtlarla karşılanmaktadır (Dinçer vd 1998). Bugün, en önemli enerji kaynaklarının başında, petrol ve petrol ürünleri gelmektedir. Bu ürünlerin yerini alabilecek alternatif enerji kaynakları varsa da, bunlar, petrolün bugünkü fiyatı ile rekabet edememektedir. Ancak, tüketim hızı üretim hızına eriştiği zaman, OPEC'in petrol fiyatlarını artırması ile 1973 krizi gibi yeni bir petrol krizinin oluşması kaçınılmaz olabilir. Bu durumda yeni enerji teknolojileri devreye girecektir. Bunların en önemlilerinden biri, katı kömürden sıvı yakıtların

eldesi olarak tanımlanabilen ve kömürü sıvı ürünlere dönüştürme teknolojisi olan, kömürün sıvılaştırılmasıdır.

Kömür dönüşüm proseslerinde (sıvılaştırma, gazlaştırma, piroliz gibi) amaçlar, farklı ve çeşitli olmakla birlikte genellikle aşağıdaki ürünlerden bir veya birkaçının elde edilmesi temel ilke olarak seçilir.

- Gaz yakıtlar,
- Petrokimya sanayi ham maddesi,
- Ara destilasyon ürünleri,
- Fuel oil,
- Benzen, toluen, ksilenler (BTX) ve fenolleri içeren kimyasal maddeler,
- Gaz türbin yakıtları,
- Sentez gazlarının üretimi,
- Temiz (külsüz ve düşük kükürtlü) katı ve sıvı yakıtlar.

Türk linyitlerinden temiz yakıt üretimi konusunda yapılacak çalışmalarda sıvı yakıtlara dönüştürme işlemi, incelenmesi gerekli en önemli konudur. Kömür sıvılaştırma işlemi temel olarak, petrole oranla hidrojence fakir ve yoğun bir aromatik yapıya sahip kömüre hidrojen eklenmesi ve büyük moleküllerin küçük moleküllere parçalanması şeklinde düşünülebilir.

Kömürden sıvı ürünler, ilk olarak, XIX. yüzyılın sonlarına doğru (Dinçer vd 1998), demir-çelik endüstrisinde, koklaştırma prosesinin yan ürünü olarak elde edilmiştir. Dinçer vd (1998)'nin bildirdiğine göre; kömürün hidrojen ile indirgenmesiyle sıvı ürün eldesi ise, ilk olarak, Bertholet tarafından 1869 yılında gerçekleştirilmiştir. Bu başlangıç çalışmasını, 1913 yılında Bergius tarafından geliştirilen hidrojenleme prosesi ve 1927 yılında Pott-Broche çözücü ekstraksiyonu prosesi izlemiştir (Anderson 1995). Büyük ölçüde sıvı ürün eldesi, ilk olarak Almanya'da IG Farben tarafından 1926 yılında Leuna tesislerinde başlatılmıştır (Dinçer vd 1998). Almanya'nın İkinci Dünya Savaşı yıllarında petrol sıkıntısı çekmesi, kömür sıvılaştırma teknolojisi çalışmalarına ağırlık vermesine yol açmıştır (Probstein ve Hicks 1985). İlk ticari kömür sıvılaştırma tesisi, petrol ve doğal gaz rezervlerinin yokluğuna karşın büyük miktardaki kömür rezervleri nedeniyle, güney Afrika'da, dolaylı kömür sıvılaştırma prosesi olan Sasol I'in (260 000 ton/yıl ürün kapasiteli) 1955 yılında devreye alınmasıyla çalışmaya başlamıştır (Ceylan 1986). ABD, Kanada ve Japonyada yapılan sıvılaştırma çalışmaları, 1940'ların ortalarında, Orta Doğu'da geniş petrol yataklarının bulunması ile yavaşlamıştır (Anderson 1995). 1973 petrol krizinden sonra kömürün sıvılaştırılmasına yönelik çalışmalara büyük ağırlık verilmeye başlanmıştır. Bunun sonucu olarak bir çok proses, geniş ölçekli olarak test edilmiştir. Bu, ise ikinci nesil sıvılaştırma teknolojilerinin gelişmesine yol açmış olup bir çok sıvılaştırma prosesi ticari çapta uygulamaya sokulmuştur. Günümüze kadar, gerek teknik gerekse ekonomik açıdan çok büyük gelişmelere karşın, halen sıvılaştırma proseslerinde yüksek maliyetler olması, kömür sıvılaştırılmasında en büyük problemi oluşturmaktadır. Gerek katalizörlü gerekse katalizörsüz bu güne kadar Türkiye'de ve yurt dışında çok sayıda yapılan araştırmalarla ne yazık ki her kömüre uygulanabilir ve ekonomik olan bir sıvılaştırma prosesi geliştirilememiştir. Kömürlerin çok heterojen yapılı olması nedeniyle her kömürün sıvılaşma potansiyeli ayrı ayrı incelenmesi gerekir. Linyitlerin aromatik karbon içeriği düşük ve oksijen içerikleri yüksek olduğundan, fazla miktarda hidrojen tüketimine neden olmaları sebebiyle sıvılaştırma proseslerinde bitümlü kömürlere göre daha fazla sıvılaşma potansiyeline sahiptirler (Gorin 1981, Tomlinson *et al.* 1985 , Karaca 1998). Isı enerjisi etkisiyle geleneksel sıvılaştırma çalışmalarında toplam sıvı ürün verimini ve özellikle hafif sıvı ürün yağların oluşumunu artırmak için gerek proses koşullarının iyileştirilmesi yönünde gerekse çeşitli ve etkin katalizörlerin kullanımının geliştirilmesi yönünde uzun yıllardır araştırmalar yapılmaktadır (Gürüz vd 1987, Artok *et al.* 1992, Wang *et al.* 1992, Zhao *et al.* 1994, Artok *et al.* 1994, Karaca *et al.* 2001). Ancak, bu çalışmaların hepsi yüksek basınç ve sıcaklık gerektirdiğinden maliyet yüksek olmaktadır. Bu kriter, göz önüne alındığında alternatif sıvılaştırma yöntemlerinin geliştirilmesi zorunlu hale gelmektedir. Son yıllarda, ısı enerjisinin yerine daha ılımlı koşullar gerektiren UV, mikrodalga gibi elektromanyetik ışın enerji ile ses dalgalarının kullanıldığı kömür sıvılaştırma yöntemleri geliştirilmeye başlanmıştır. Kömür sıvılaştırılmasındaki, bu yeni enerji kaynakları hem toplam sıvı ürün verimini hem de istenen ürün yağların diğer fraksiyonlara göre belirgin olarak daha fazla miktarda elde edilmesini sağlayabilmektedir (Yürüm ve Yiğinsu 1982, Söğüt ve Olcay 1998, Şimşek *et al.* 2001a, Gül 2001, Şimşek *et al.* 2002).

UV ışınları etkisiyle kömürlerden sıvı ürün eldesi ilk olarak Yürüm ve Yiğinsu tarafından 1982 yılında denenmiştir. Çalışmada, ısı enerji ile ve UV ışınları etkisiyle elde edilen sıvı ürün verimleri ve oluşan ürünlerin molekül ağırlığı dağılımları karşılaştırılmıştır. UV ışınları etkisiyle elde edilen sıvı ürün veriminin daha yüksek ve daha düşük molekül ağırlıklı ürünlerin elde edildiği görülmüştür. Elde edilen sonuçlar oldukça parlak olmasına karşın bu konudaki araştırmalar kısıtlı kalmıştır. Ancak, daha sonraki dönemlerde birkaç çalışma daha denenmiş olup bu konudaki araştırmalar bunlardan ibaret kalmıştır (Doetschman *et al.* 1992, Söğüt 1992, Söğüt ve Olcay 1998).

Söğüt ve Olcay (1998), UV ışınları etkisiyle linyitlerin çözünürlüğündeki değişimi katalizörsüz ortamda incelemiştir. Tunçbilek ve Beypazarı linyitlerinin ısı etkisiyle katalizörsüz ortamda tetralindeki çözünürlükleri ile (Ceylan ve Olcay 1992) aynı linyitlerin mikrodalga ışınım enerjisi etkisiyle sıvılaştırılmasından (Şimşek *et al.* 2001a) elde edilen sonuçlar kıyaslandığında; ağırlıkça 5/1 tetralin/kömür oranında, oda sıcaklığı ve 72 saat tepkime süresinde elde edilen toplam dönüşüm ve yağ verimlerinin, aynı kömürlerin tetralin varlığında aynı çözücü/kömür oranında ısı enerjisi etkisiyle 325 ^{o}C ve 30 dakika süreyle sıvılaştırılmasından elde edilen toplam dönüşümden ve 375 ^{o}C de 30 dakika süreyle sıvılaştırılmasından elde edilen yağ verimlerinden (Ceylan ve Olcay 1992) ve mikrodalga enerji ile aynı çözücü/kömür oranında 10 dakika süreyle aynı linyitlerin sıvılaştırılmasından elde edilen toplam dönüşüm ve yağ verimlerinden daha yüksek olduğu görülmüştür (Şimşek *et al.* 2001a). Ayrıca, Yürüm ve Yiğinsu (1982)'nun UV ışınları etkisiyle yaptıkları sıvılaştırma çalışmasında olduğu gibi sıvı ürün dağılımında yağlar en büyük payı oluştururken aynı kömürün ısı enerjisi etkisiyle yapılan sıvılaştırma işleminde en büyük payı asfaltenler ve preasfaltenler oluşturmaktadır.

Fotokimyasal reaksiyonlar, fotokatalizörler kullanılarak hızlandırılabilmektedir (Yamashita *et al.* 1996). Eğer bir molekül ışığı absorplayamıyorsa veya uyarılmış hali tepkimeye giremeyecek kadar kısa ömürlü ise fotokimyasal prosese aracılık yapması için fotouyarıcı olarak adlandırılan maddeler ortama ilave edilir. Işın enerjisini doğrudan alamayan molekül kolay uyarılabilen fotouyarıcı molekülün aldığı enerji ile aktiflenerek tepkimeye girer. Fotouyarıcılar absorplanan ışının etkilerini artırır ve ışın enerjisinin kimyasal enerjiye dönüşümünde etkin rol oynar (Kisch 1988). Fotokimyasal proseslerde, fotoaktiviteleri yüksek olması sebebiyle TiO_2 ve ZnO katalizör olarak yaygın bir şekilde kullanılmaktadır (Serpone *et al.* 1986, Matthews ve McEvoy 1992, Karakitsou ve Verykios 1993, Legrini *et al.* 1993, Richarson *et al.* 1996, Yeber *et al.* 2000).

Isıl yöntemle kömürlerin sıvılaştırılması çalışmalarında sıvılaştırma koşullarını iyileştirmek ve hafif sıvı ürün verimini artırmak için çeşitli etkin ve ucuz katalizörler üzerine çalışmalar uzun süreden beri devam etmektedir. Nitekim elde edilen veriler katalizör kullanımının sıvı ürün verimini ve yağ oluşumunu artırdığını göstermiştir (Gürüz vd 1987, Artok *et al.* 1994, Wang *et al.* 1996, Liu *et al.* 1996, Karaca *et al.* 2001). Ancak, UV ışınları etkisiyle kömürlerin sıvılaştırılması işleminde katalizörlerin etkisi şimdiye kadar incelenmemiştir. Kömürün fotokimyasal sıvılaştırma işleminde, UV ışınlarını iyi absorplama ve dağıtma özelliğine sahip yarı iletken oksitlerin katalizör olarak kullanılmasıyla çözünürlüğün ve ürün kalitesinin daha da artırılabileceği düşüncesiyle bu çalışmada Türk linyitleri TiO_2 ve ZnO fotokatalizörleri varlığında UV ışınları etkisiyle sıvılaştırılmıştır. Reaksiyon ortamında, katalizörün kullanım şekli sıvı verimini ve ürün dağılımı etkileyen önemli bir parametredir (Karaca 1998, Derbyshire ve Hager 1994). Bu nedenle $ZnCl_2$ tuzu kömür partikülleri üzerine emdirilerek katalizör kullanım şeklinin çözünürlük üzerine etkisi incelenmiştir. Toplam sıvı ürün ve fraksiyonlara dağılımın ışınlama süresi ve ışın gücü ile değişimleri tespit edilmiştir. Sıvılaştırma işleminde ana amaçlardan biri de çevre kirliliğini azaltacak yakıtların elde edilmesi olduğundan bu çalışmada sıvılaştırma işlemi sonunda geride kalan katı kalıntının (çar) uçucu madde, kül ve kükürt içerikleri tayin edilerek uzaklaştırılan uçucu madde, kül ve kükürt miktarları da belirlenmiştir.

2. KURAMSAL BİLGİLER ve KAYNAK ARAŞTIRMASI

2.1. Kömür ve Yapısı

Kömür, bitki artıklarının milyonlarca yıllık bir zaman dilimi içerisinde sıcaklık ve basıncın etkisiyle çeşitli fiziksel ve kimyasal değişimlere uğrayarak oluşturduğu kompleks ve heterojen yapılı bir katıdır.

Bitki artıkları, kara parçalarının alçalıp yükselmesi veya yerel su kaynaklarındaki değişim nedeniyle su altında kalır ve zamanla ince bir çamur tabakası ile örtülür. Gittikçe kalınlığı artan inorganik sedimanlar altında kalan kütle, basınç etkisiyle de kimyasal değişime uğrar. Bu olayların meydana geldiği yerde kömür oluşur.

Kömürün oluşumu hakkında çeşitli araştırmacılar tarafından değişik hipotezler ortaya atılmakla beraber bugün genel olarak kömür oluşum sürecinin iki temel kademeye bölünebileceği kabul edilmektedir. Birincisi biyokimyasal (abiyotik) yada diyagenetik kademe, ikincisi ise metamorfik kademedir.

Birinci kademe, bitki artıklarının toprak katmanları ile örtünmeden önceki bozunmasıdır. Bu kademede bitkiler zamanla aerobik ve anaerobik mikroorganizmaların etkisiyle bozunmaktadır. En dayanıklı bileşikler dahi ergeç bozunmaya uğramakta ve daha basit bileşiklere parçalanmaktadır. Organik artıkların homojen hale dönüşmesi ile birlikte meydana gelen karışımın bileşimi, bozunmanın başlamasından bitimine kadar geçen süreye ve ortam koşullarına bağlı olarak değişir. Farklı koşullarda müşterek olan tek şey aromatikliğin ve asidik grupların zamanla artmasıdır. Bozunma durduğunda karbon içeriği genellikle %40-45'den %60'ın üzerine çıkar. Bozunmayı sona erdiren ve diyagenetik kademenin bitmesini sağlayan mekanizma, bozunma prosesinin niteliğine bağlı olarak değişir. Bozunmakta olan kütle, tamamen suyla örtüldüğünde veya mantar ve bakteriler için çok asidik duruma geçtiğinde mikrobiyolojik aktivitenin durduğu kabul edilebilir. Asitliğin artmasıyla mikrobiyolojik aktivite sona ermekle birlikte abiyotik oksidasyon sona ermeyeceğinden artıkların bozunması hava ile temas ettiği sürece çok yavaş bir şekilde devam eder.

Bozunmanın tamamen sona ermesi, kütlenin önce tamamen suyla, daha sonra çamur tabakası ile kaplanması sonucunda olur. Böylece ikinci veya metamorfik kömürleşme süreci başlar. Tamamen abiyotik yani biyolojik olmayan bozunmanın (bazı elementlerin etkisi ile bozunma, örneğin O_2) olduğu bu kademede, kondensasyon tepkimeleri sırasında, hidroksil, karboksil, metoksil ve metil grupları kompaktlaşmış kütleden ayrılır. Bu reaksiyonlar kömür yataktan çıkarılıncaya kadar devam eder. Kimyasal değişme diyebileceğimiz metamorfik kademede, en önemli etken sıcaklıktır. Basınç etkisi ise ısı etkisi ile oluşan tepkimeleri hızlandırır. Basınç altında kimyasal reaksiyonlar kolaylaşır. Isı, iki şekilde ortaya çıkar. Birincisi jeotermal gradiyente bağlı olarak, yeryüzünden derinlere indikçe ortaya çıkar. İkincisi, tektonik olaylar sonucunda kızgın mağmanın yarıklarından yükselerek karbonlaşan damarlara yakınlaşmasıyla sağlanır. Bunlardan birincisi normal metamorfizm, ikincisi ise bölgesel metamorfizm olarak isimlendirilir. Bölgesel metamorfizmin mağmanın yüksek sıcaklığından dolayı özel bir etkisi vardır. Çünkü yüksek ranklı kömürlerin (>%85) büyük bir kısmı buna benzer tektonik olaylar geçirmiş bölgede yer almaktadır (Berkowitz 1979).

Kömürlerin birbirinden farklı yapı ve özellikler göstermesine sebep olan başlıca etkenler; kömürü meydana getiren bitkilerin türü, biyokimyasal kademede bitki artıklarının bozunma derecesi, metamorfik kademede kömür üzerindeki sıcaklık ve basıncın büyüklüğü, etki süresi ve kömürün oluşduğu çevrenin jeolojik yapısındaki farklılıklardır. Kömür oluşumunda rol oynayan şartların daha sert olması ve sürenin artması ile kömürün rankı artmaktadır. Kömürler artan ranklarına göre aşağıdaki gibi sınıflandırılmaktadır.

Turba $\longrightarrow$ linyit $\longrightarrow$ alt bitümlü $\longrightarrow$ bitümlü kömür $\longrightarrow$ antrasit

Dünyadaki üretilebilir yakıt rezervlerinin %47 gibi önemli bir bölümünü kömür oluşturmaktadır. Bunu izleyen petrollü şeyl %33, petrol %12, doğal gaz %6'lık bir paya sahiptir. Son sırada ise %2 gibi bir değerle uranyum bulunmaktadır. Seksenden fazla ülke arasında kömür yatağı ve toplam dünya rezervinin %55'i ABD ve Rusya'da bulunmaktadır (Arıoğlu ve Kural 1988).

Linyitler genellikle kimyasal ve fiziksel özelliklerine ısı değerlerine, nemlerine ve oluştukları devirlere göre sınıflandırılmaktadır. Kimyasal özellikleri bakımından linyitlerin kuru ve külsüz analiz sonuçları ortalaması %65-75 karbon, %5-8 hidrojen ve %25'e kadar da oksijen olarak verilebilir. Linyitlerde karbon ve oksijen miktarları birbirlerine göre ters olarak değişmektedir. Linyitlerdeki azot miktarı %0,5-1,0 arasında değişirken, kükürt miktarı %1-7 arasında değişebilir. Linyitlerin nem miktarının yüksek olması ısı değerini düşüren en büyük etkenlerden biridir. Linyitlerde nem oranı %8-65 arasında büyük değişiklikler gösterir. Kömürlerdeki nemin büyük bir kısmı kurutma yoluyla atılarak kömürün ısı değeri yükseltilebilir. Bu olay kömürlerin havada kuruması ile de kendiliğinden gerçekleşebilir. Nem oranı kömürleşme derecesini de göstermektedir. Türkiye'nin toplam linyit rezervinin ortalama %14'ünün nem miktarı %20'nin altında olup geri kalanında nem miktarı yüksektir. Ülkemizdeki genellikle %10-40 su, %10-30 kül ve %1-2 kükürt içeren linyitlerin ısıl değerleri 1100 - 4500 kcal/kg arasında değişmektedir.

Kömürlerde ısı değerini düşüren en önemli unsurlardan biri de kül miktarıdır. Kömürlerin kül içeriğinin düşürülmesi gereklidir. Çünkü düşük küllü olarak sınıflandırılabilecek linyit rezervleri ne yazık ki oldukça azdır. Örneğin; %12'in altında kül oranına sahip linyit miktarı toplam rezervin ancak %4'ü kadardır. Oysa toplam rezervin %85'inde kül içeriği %20'den fazladır. Linyitler yıkanarak kül oranı düşürülebilir ve böylece kömürün ısı değeri yükseldiği gibi mineral maddelerin diğer istenmeyen etkileri de yok edilmiş olur (Arıoğlu ve Kural 1988).

Kömür değişik bitkilerden oluştuğundan ve diyagenetik ve metamorfik kademede meydana gelen değişiklikler çok farklı olduğundan kömürün yapısı fazlaca heterojendir.

Kömür, kabaca organik ve inorganik kısım olmak üzere iki temel bileşene ayrılabilir :

1.Organik kısım : Değişen derecelerde bozunmaya uğramış organik artıklardan oluşan kömürün organik yapısı, yoğun aromatik ve hidroaromatik yığınların oluşturduğu makromolekülleri, bunlara göre daha ufak olan molekülleri ve bunları birbirine bağlayan çapraz bağları içerir. Kömürlerin organik kısımları kömürleşmeye uğrayan bitkilerin kökenine ve bozunma derecesine bağlı olarak çeşitli maseraller içermektedir. Kömürün mikroskop altında ayırt edilebilen organik bileşikleri olarak tanımlanan maseraller farklı görünüş, kimyasal bileşim ve optik özelliklere sahiptirler. Oluştuğu bitkisel dokunun cinsine ve uğradığı kömürleşme prosesine göre değişik fiziksel ve kimyasal özellikler göstermeleri sebebiyle maseraller, genel olarak üç ana gruba ve her bir grup da kendi içinde çeşitli alt gruplara ayrılırlar. Maseral gruplarının sınıflandırılması Çizelge 2.1.'de verilmiştir. Burada verilen maseral yapısı genel olarak düşük uçuculu bitümlü kömürler ve daha düşük ranktaki kömürler için geçerlidir. Kahverengi kömürlerin maseral yapısı daha farklı ve Çizelge 2.1.'de verilen çeşitlerden daha fazla sayıdadır (Karr 1978a). Maserallerin birleşmesiyle vitrinit, eksinit ve inertinit adı verilen maseral grupları oluşur. Yapıları mikroskobik yöntemlerle aydınlatılan maseral ve maseral grupları arasındaki farklar kömürün rankı arttıkça azalır ve ayırım güçleşir.

Kömürün temel yapısını oluşturan maserallerin ve mineral maddelerin orijinleri ve turba bataklığındaki temel değişimler Çizelge 2.2.'de gösterilmiştir. Kömürlerin maseral yapısı kömür dönüşüm prosesleri için önemlidir ve çeşitli fiziksel ve kimyasal tekniklerle incelenmektedir (Lowry 1981, Karr 1978a, Karr 1978b). Bugün genel olarak kömürlerin maseral yapılarının incelenmesinde mikroskopik yöntemler kullanılmaktadır.

Kömürde maseral gruplarının farklı şekillerde bir araya gelmesiyle oluşan mikrolitotiplerin mekanik sertliklerinin birbirinden farklı olması; kok üretimi için önemli olan ve özellikle bazı bitümlü kömürlerde belirgin termoplastik özelliklerin vitrinit ve eksinitden ileri gelmesi büyük önem taşır. Termoplastik özelliklerin vitrinit ve eksinitden ileri geldiği fark edildikten sonra, karbonizasyon endüstrisinde kok kamaralarına yüklenecek karışımın hazırlanmasında petrografik veriler kullanılmıştır.

Kömürlerin sıvılaşma davranışları ile maseral bileşimleri arasında ilişki kurmak üzere pek çok araştırma yapılmıştır. Hem kül hem de maseral içeriği sıvılaştırma işlemi sırasında seyreltici bir etki gösterir. Maseral yoğunluğu liptinit < vitrinit < inertinit sırasıyla artar. Maseralleri oluşturan bitkisel dokuların farklı olması dolayısıyla maserallerin moleküler yapıları da farklıdır. Maserallerin farklı özellikler ve davranışlar göstermeleri moleküler yapılarının farklı olmasının bir sonucudur.

Çizelge 2.1. Maseral gruplarının sınıflandırılması (Berkowitz 1979)

Maseral Grubu	Sembol	Maseral	
Vitrinit	V	Kollinit →	humik jel
		Tellinit →	odun kabuğu kortikal doku
		Vitrodetrinit*	
Eksinit	E	Sporinit →	mantar ve diğer sporlar
		Kutinit →	yaprak kütinit
		Rezinit →	reçine ve vaks
		Alginit →	alg artıkları
		Liptodetrinit*	
İnertinit	İ	Mikrinit →	belirlenmiş bozunma ürünü <10 μm
		Makrinit →	belirlenmemiş bozunma ürünü 10-100 μm
		Semifüzinit Füzinit →	Karbonize odun dokusu
		Sklerotinit →	Mantar sklerotia ve micelia
		İnertodetrinit*	

*: reflaktansları nedeniyle maseral grubunda bulunur.

Çizelge 2.2. Maserallerin ve mineral maddelerin orijinleri (Lowry 1981)

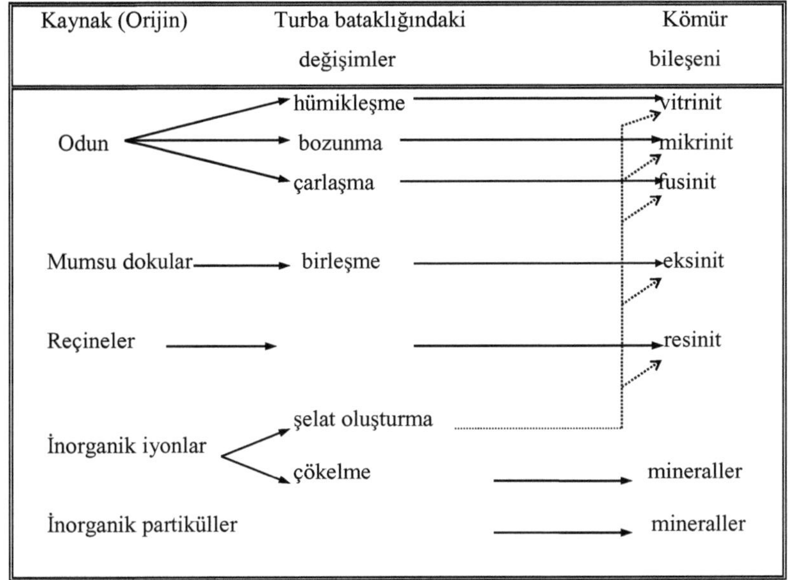

Kömür molekülü yapısının aydınlatılması amacıyla yapılan çalışmalar yıllar öncesinde başlamasına ve günümüzde de devam etmesine rağmen ortaya kesin bir 'molekül formülü' konulamamıştır. Kömür bozunma ürünlerinin analizine ve spektroskopik analizler, element analizi, kömür reaksiyon ürünlerinin analizi vb. gibi çeşitli analizlere dayanarak kömür molekülünün tasviri için muhtelif modeller ileri sürülmüştür. Bunların içerisinde en çok kabul gören Given ve Wiser (Hessley *et al.* 1986) tarafından verilen iki model Şekil 2.1.'de gösterilmiştir. Bu modellerin en önemli özelliği kömürde varlığı belirlenen metilen köprülerini, çapraz bağları, tekrarlanan birimleri ve heteroaromatik yapıları temsil etmesidir. Bu modellerden görüldüğü üzere kömür molekülü polimerik bir yapı göstermektetir. Bu nedenle kömür molekülünün kesin sınırları çizilemez ve kesin bir molekül ağırlığından bahsedilemez. Bir çok araştırmacılar tarafından ileri sürülen kömür molekülü modellerinde birleşilen ortak noktalar aşağıdaki gibi özetlenebilir (van Krevelen 1961, Lowry 1963, Whitehurst 1977, Karr 1978b).

1. Kömürlerde, en az 2-4 aromatik halka içeren, düzlemsel yapılı tabakalar vardır. Tabaka büyüklüğü kömürün rankına bağlı olarak değişir.
2. Bu tabakalar arasında değişik tip ve uzunlukta çapraz bağlar bulunur.
3. Aromatik kümeler genellikle alifatik köprülerle bağlıdır.
4. Aromatik yapıya bağlı siklik ve heterosiklik yapılar vardır.
5. Aromatik yapıya bağlı yan zincirlerin uzunluğu genellikle C_4 den daha kısadır.
6. Alifatik yapılara bağlı çeşitli fonksiyonel gruplar vardır.

Gerçekte kömürün organik yapısını oluşturan maseral gruplarının ve bunları oluşturan yapısal birimlerin üç boyutlu uzaydaki durumları oldukça düzensizdir. Bu nedenle yapısal birimler arasındaki bağ uzunlukları ve kuvvetleri için kesin değerler verilemektedir. Kömür yapısal birimlerinin heterojen dağılımı ve özelliklerinin farklılığı, çapraz bağların çeşitliliği, kömürün kompleks yapıda olmasının en önemli sebebidir. Çeşitli maseralleri temsil eden bu yapısal birimler ve bunlar arasındaki çapraz bağlar, kömürün dönüşüm proseslerindeki davranışı tayin eden en önemli özelliklerdir.

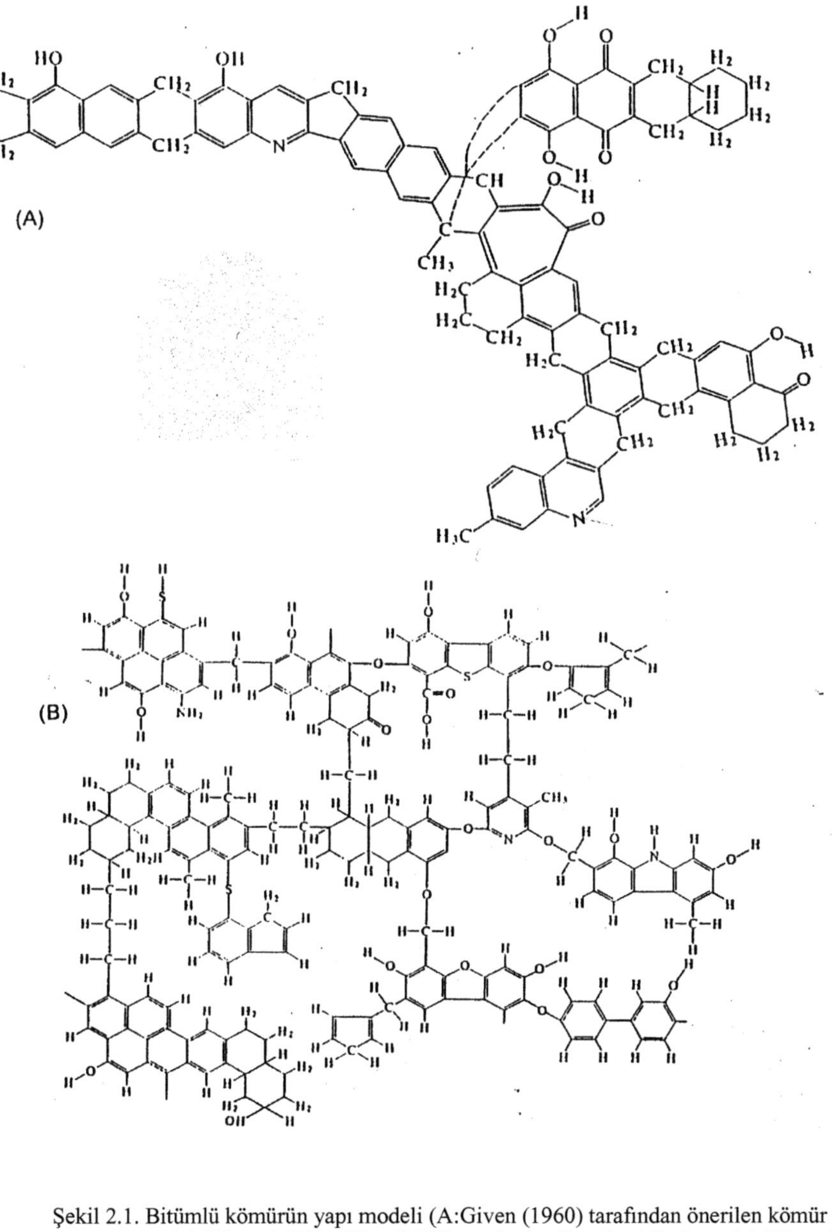

(A)

(B)

Şekil 2.1. Bitümlü kömürün yapı modeli (A:Given (1960) tarafından önerilen kömür molekülü modeli, B: Wiser(1973) tarafından önerilen kömür molekülü modeli

1. İnorganik kısım : Kömürün bileşiminde bulunan inorganik maddeler, bitkinin yapısındaki inorganik maddelerden ve bitki artıklarının birikmesi sırasında birikinti katmanları arasına sızan inorganik maddelerden kaynaklanmaktadır. Bitki yapısındaki inorganik maddelerden ileri gelen mineral maddelere 'inherent' (aslında veya tabiatında var olan), bitki artıklarının birikmesi sırasında katmanlar arasına sızan inorganik maddelerden kaynaklananlara ise 'adventitious' inorganik madde denir. Sonradan katılan inorganik maddeler kömür yapısında ya ayrı ayrı büyük parçalar halinde ya da kolloidal olarak dağılmış şekilde bulunurlar. Bitkilerin biriktiği yerde kömürleşmesinden oluşan otokton kömürlerde mineral maddeler çoğunlukla ayrı büyük parçalar halinde, bitki artıklarının doğa olaylarıyla (sel, rüzgar vb.) farklı bölgelere taşındıktan sonra kömürleşmesinden oluşan alokton kömürlerde yapıya kolloidal dağılmış olarak bulunurlar. Kimi otoriteler bitkilerden ileri gelen ve gerçek inherent mineral maddeyi oluşturan inorganik bileşikler yanında bitki katmanlarına sızan ancak kömüre kimyasal olarak bağlanmış olan inorganik bileşikleri de 'inherent' inorganik madde olarak kabul etmektedir. Kömürün detaylı olarak incelenmesi için daha sonra katılan ve kömürdeki organik bileşiklerle kimyasal olarak birleşmiş inorganik bileşiklerle yine daha sonra katılan fakat serbest durumda bulunan inorganik maddeleri gerçek inherent inorganik maddeden ayırmak gereklidir.

Bitkinin yapısındaki inorganik maddeler çoğunlukla kalsiyum, magnezyum, demir, alüminyum, sodyum, potasyum, mangan, titan, kükürt, silisyum, klor ve fosfor bileşikleridir. Bitkilerde inorganik madde miktarı ortalama olarak %2'den daha az olmakla birlikte, bitkiden bitkiye değiştiği gibi aynı bitkinin bir bölgesinden diğerine de değişmektedir (Francis 1961).

Kömürleşme prosesine sonradan katılan inorganik maddelerin çoğunluğu turba kademesinde katılırlar. Turba oluşan sahalara süspansiyon halinde mineral tanecikleri (kil, kuvars) ve çözelti halinde katyonları (sadece Ca, Mg, Na, K iyonlarını değil eser elementleri de) taşıyabilen bir miktar su akışı vardır. Turbalar iki tür inorganik madde girdisi için de oldukça etkili tuzaklardır. Organik maddedeki fonksiyonel gruplar, katyonları karboksil grupları üzerine iyon değişimiyle veya komşu fonksiyonel grup çiftleriyle şelat koordinasyon kompleksleri halinde bağlarlar (Wheelock ve

Markuszewski 1984, Joseph ve Forrai 1992). Alkali metal katyonları (Na, K gibi) yeraltı sularında bulunan diğer katyonlarla kolayca yer değiştirdiğinden inorganik maddelerin bileşimi turba kademesinden sonra değişebilir. Yeraltı sularından toprak alkali katyonlarından (Ca, Mg gibi) da katılmalar olabilir. Ancak bu katyonlar kolayca yer değiştirmezler. Kömürün yapısında bulunan inorganik maddelerin bileşimi, turba havzası çevresindeki aşınmış kayaların yapısına, biriken organik maddenin yapısına, gömülmeden önce ve sonraki yerel hidrojeolojik durum gibi faktörlere bağlıdır. Bununla beraber organik tortunun gömülüp suyunu kaybetmesinden sonra oluşan çatlak ve yarıklarda bir miktar kalsit ve pirit birikmiştir (Glick ve Davis 1987).

Kömürdeki inorganik maddeler dört farklı şekilde bulunmaktadır (Miller ve Given 1986, Given ve Miller 1987, Eskenazy 1970).

1. Karboksil gruplarıyla tuz oluşturmuş olan kalsiyum, magnezyum gibi katyonlar,
2. Eser elementler, başlıcaları Be, V gibi katyonlar olmak üzere , komşu fonksiyonel grup çiftleriyle şelat koordinasyon kompleksleri oluşturmuş olan katyonlar,
3. Turba havzası dışında bulunan ve aşınmaya uğrayan kayalardan gelen sularla taşınan yabancı mineral maddeler , başlıca kil ve kuvars,
4. Bataklıkda oluşan mineraller, bakteriyel aktivitelerden pirit ve kalsit, vasküler bitkilerden kalsiyum okzalat, diatome kabuklarından ve sünger iğnelerinden opalin (amorf silika, SiO_2) (Andrejka ve Cohen 1984).

Kömürler metamorfizimle daha yüksek ranklı kömürlere dönüşürken içerdiği fonksiyonel gruplar uzaklaşır. Böylece (1) ve (2) tipindeki inorganik maddeler zamanla organik maddeden ya çözünerek ayrılırlar yada kömür içinde başka bir bileşiğe dönüşerek çökerler. Çizelge 2.3. bitümlü kömürlerde bulunan mineral gruplarını ve bu gruplardaki mineral maddeleri ve kimyasal formüllerini göstermektedir. Kil, kaolin, sülfür ve klorür grubu mineralleri kömürde bulunan minerallerin %95'inden daha fazlasını oluştururlar (Lowry 1963).

Bitümlü kömürler inorganik maddeleri kaolinit, illit, kuvars, kalsit, jips gibi ayrı büyük parçalar halinde içerirler. Fiziksel yöntemlerle düşük ranklı kömürlerin içerdiği mineral maddeler yüksek ranklı kömürlere göre daha az uzaklaştırılmaktadır. Bu sonuç düşük ranklı kömürlerde bulunan minerallerin çoğunun kömürün organik maddesine bağlı olduğunu gösterir. Kömürün organik yapısına bağlı olan mineral maddeler karboksilli asitlerin tuzları şeklinde bulunur (Mukherjee ve Chowdhury 1976, Joseph ve Forrai 1992).

Çizelge 2.3. Bitümlü kömürlerde bulunan mineral maddeler (Lowry 1963)

Mineral Gurubu	Mineral Türleri	Formül
Kil	Muskovit Hidromuskovit İllit Bravisit Montmorilonit	$(K,Na,H_3,Ca)_2(Al,Mg,Fe,Ti)_4(Al,Si)_8O_{20}(OH,F)_4$
Kaolin	Kaolinit Livesit Metahalosit	$Al_2(Si_2O_5)(OH)_4$
Sülfür	Pirit Markasit	FeS_2
Karbonat	Ankerit Ankeritik kalsit Ankeritik dolomit	(Ca, Mg, Fe, Mn)CO_3
Klorür	Silvin Halit	KCI NaCI
Diğer Mineraller	Kuvars Feldispat Garnet Hornblende Jips Apatit Zirkon Epidot Biyotit Bazalt Diyaspor Lepidokrosit Magnetit Kayanit Storolit Topaz Turmalin Hematit Penitit	SiO_2 $(K, Na)_2O.Al_2O_3.6SiO_2$ $3CaO.Al_2O_3.3SiO_2$ $CaO.3FeO.4SiO_2$ $CaSO_4.2H_2O$ $9CaO.3P_2O_5.CaF_2$ $ZrSiO_4$ $4CaO.3Al_2O_3.6SiO_2.H_2O$ $K_2O.MgO.Al_2O_3.3SiO_2.H_2O$ $CaO.MgO.2SiO_2$ $Al_2O_3H_2O$ $Fe_2O_3.H_2O$ Fe_3O_4 $Al_2O_3.SiO_2$ $2FeO.5Al_2O_3.4SiO_2.H_2O$ $(AlF)_2SiO_4$ $H_9Al_3(BOH)_2Si_4O_{19}$ Fe_2O_3 $5MgO.Al_2O_3.3SiO_2.2H_2O$

2.2. Kömür Sıvılaştırma İşlemi

Günümüzde kömür yalnızca bir yakıt olarak değil, en büyük ve önemli bir kimyasal hammadde kaynağı olarak görülmelidir. Kömür sıvılaştırma prosesleri, dolaylı sıvılaştırma ve doğrudan sıvılaştırma olmak üzere ikiye ayrılır. Kömürün gazlaştırılması ile elde edilen sentez gazından (CO + H_2) özel katalizörler kullanılarak sıvı ürünler elde edilmesi kömürün **dolaylı sıvılaştırılması** olarak adlandırılır.

Kömürün moleküler yapısını mümkün olduğu kadar bozmadan H/C oranını yükselterek kömürün sıvı ürünlere dönüştürülmesi işlemine **doğrudan sıvılaştırma** denir. Bu yöntemde amaç, kömürün mineral madde ve heteroatomlarını uzaklaştırarak sıvı veya temiz katı yakıt, sentez gazları ve kimyasal hammadde elde etmektir.

Kül ve kükürt içeriği yüksek kömürlerin doğrudan kullanımından önce kalitelerini artırmak için fiziksel, kimyasal veya biyolojik esaslara dayalı bir çok proses denenmektedir. Bu tür kömürlerin doğrudan sıvılaştırılması, gerek çevre kirliliği problemi açısından gerekse elde edilen sıvı ürünlerin petrole alternatif olması bakımından daha avantajlı görülmektedir. Ancak bügüne kadarki araştırmalarla her kömüre uygulanabilir ve ekonomik olan bir sıvılaştırma prosesi geliştirilememiştir. Kömürün yapısı çok heterojen olması nedeniyle her kömürün sıvılaşma potansiyeli ayrı ayrı incelenmelidir.

2.2.1. Doğrudan kömür sıvılaştırması mekanizması

Doğrudan kömür sıvılaştırma prosesinin esası; kömürün H-verici bir çözücü içerisinde ısıtılarak ısıl bozunmaya uğratılması ve bozunma ürünlerinin hidrojenasyonuna dayanmaktadır. Prosesde kullanılan çözücünün serbest radikal stabilizasyonda doğrudan hidrojen vermesi yanında, kömürün hidrojence zengin kısımlarından hidrojen ihtiyacı olan reaktif bölgelere hidrojen aktarma görevi yaptığı da saptanmıştır. Meydana gelen çeşitli tepkimelerin sonucu olarak kömür, gaz, sıvı ve katı ürünlere dönüşmektedir.

Ekstraksiyonla kömür çözünmesinde meydana gelen tepkimeler genellikle 300 °C nin üzerindeki sıcaklıklarda kömürün ısıl bozunması ve serbest radikallerin oluşumu ile başlamaktadır (King ve Stock 1984, Allen ve Gavalas 1984). Kömür sıvılaştırma karmaşık bir süreçtir; 3 fazlı sistemde kimyasal tepkimeler ve fiziksel değişmeler, kinetik çalışmaları güçleştirmektedir. Kömür sıvılaşma ürünleri aşağıdaki gibi sınıflandırılır.

1. Dönüşmemiş kömür, yarıkok (çar)
2. Preasfaltenler : Ürünün piridinde çözünüp benzen ve toluende çözünmeyen kısmı; molekül ağırlığı dağılımı 400-2000,
3. Asfaltenler : Ürünün benzen veya toluende çözünüp pentan veya hekzanda çözünmeyen kısmı; molekül ağırlığı dağılımı 300-700,
4. Yağlar : Ürünün pentan veya hekzanda çözünen kısmı; molekül ağırlığı dağılımı, 200-300,
5. Gazlar (su dahil).

1951 yılında Welle ve arkadaşlarının yapmış oldukları eski bir çalışmada sıvılaşma mekanizması şöyle tanımlanmıştır (Pişkin 1988).

$$\text{Kömür} \xrightarrow{k_1} \text{Asfalten} \xrightarrow{k_2} \text{Yağ}$$

Bu mekanizmaya göre; ayrıca hem kömürden, hem de asfaltenden paralel tepkimelerle su ve gaz oluşuyordu. Her bir tepkime, tepkiyen maddenin dönüşmemiş miktarına göre birinci mertebedendi. Kömürün asfaltene çevrilmesi, asfaltenin yağa çevrilmesinden çok daha hızlı yürüyordu. Çünkü, 400-440 ^{0}C aralığındaki k_1; k_2'nin 10-25 katıydı. Sonsuz zamanda bile dönüşmeyecek organik kömür maddelerinin varlığı söylenebilir (Pişkin 1988).

Ancak 1970'lerden sonra konu üzerinde yapılan yoğun çalışmalarla kömür sıvılaştırma mekanizması çeşitli araştırmacılar tarafından daha detaylı bir şekilde incelenmiştir (Han ve Wen 1979, Angelova *et al.* 1989, Gioia ve Murena 1993, Douglas *et al.* 1994, Erbatur 1996, Ceylan ve Olcay 1998, Şimşek *et al.* 2001b).

Neavel (1976) ve Whitehurst (1977), H-verici özelliği olmayan bazı polinükleer aromatik bileşiklerin de kömür çözünürleştirilmesinde oldukça etkin çözücüler olduklarını göstererek bu şartlar altındaki çözünme mekanizmasını incelemişlerdir. Elde ettikleri sonuçlara dayanarak bu tip çözücülerin kömürlerin hidrojence zengin kısımlarıyla etkileşerek kararsız ara ürünler oluşturduklarını ve bu ara ürünlerde serbest radikallerle kolaylıkla tepkimeye girerek kararlı hale gelmelerini sağladıklarını ileri sürmüşlerdir. Dolayısıyla H-verici özelliği olmayan çözücülerin hidrojen taşıyıcı olarak görev yaptığı ifade edilmektedir. Ancak, kömürün hidrojence zengin kısımlarının ve bu bölgelere erişebilirliğinin sınırlı olması dolayısıyla bu tip çözücülerle aynı şartlarda elde edilebilecek orandan daha küçük olacağı ileri sürülmüştür. Deneysel sonuçlar bu görüşleri desteklemektedir. Döterolanmış çözücülerle yapılan çalışmalar ile, kömür çözünürleştirme tepkimelerinde çözücünün rolü daha detaylı olarak incelenmiştir (Franz ve Camaioni 1980 a,b, Franz ve Camaioni 1984). Çözücü olarak ağır yağların yanı sıra hidrojen donör olarak tetralin de yaygın olarak kullanılmaktadır. Tüm özellikleri çok iyi bilindiğinden pek çok araştırmada hidrojen verici çözücü olarak tetralin kullanılmaktadır (Pişkin 1988). Tetralinin ısıl parçalanma tepkimeleri 430 ^{0}C de başlamaktadır. Ancak bozunma 450 ^{0}C'a kadar önemsiz boyutlarda kalmaktadır. Isı enerjisi etkisiyle tetralin hidrojen kaybederek aşağıdaki sıraya göre naftalin'e dönüşür.

$$T \longrightarrow DN + H_2 \longrightarrow N{+}H_2$$

DN ara ürün olmak üzere T, DN ve N sırasıyla ; tetralin, 1,2-dehidronaftalin ve naftalin'i göstermektedir.

Ekstraksiyonla kömür çözünürleştirilmesinde ısıl bozunma ve hidrojenasyon tepkimelerinin aynı anda ve birlikte cereyan ettiği herkesce kabul edilmektedir. Isıl bozunma olayı esas olarak bir piroliz tepkimesi olduğundan, çözücü ekstraksiyonunda oluşan gaz, katı ve çözünebilen ürün miktarları ve bunların bileşimleri piroliz ve hidrojenasyon gibi farklı iki tepkime arasındaki denge ile yakından ilgilidir. Ekstraksiyonla kömür çözünürleştirilmesinde meydana gelen piroliz tepkimeleri ve bunların mekanizmaları, piroliz-hidrojenasyon dengesine etki eden faktörler (sıcaklık, katalizör, gaz cinsi vb) çeşitli araştırmacılar tarafından incelenmiştir (Butler ve Snelson

1980, Gates 1980, Sato *et al.* 1981, Inoue *et al.* 1982, Kitaoka *et al.* 1982, Marshall *et al.* 1982, Nomura *et al.* 1983, Derbyshire ve Hager 1994). Kömürün katalitik ve hidrojen gazı ortamında sıvılaştırılması esnasında kömür, hidrojen verici çözücü, hidrojen ve katalizör arasındaki tepkimeler şematik olarak Şekil 2.2.'de gösterilmiştir (Whitehurst *et al.* 1980).

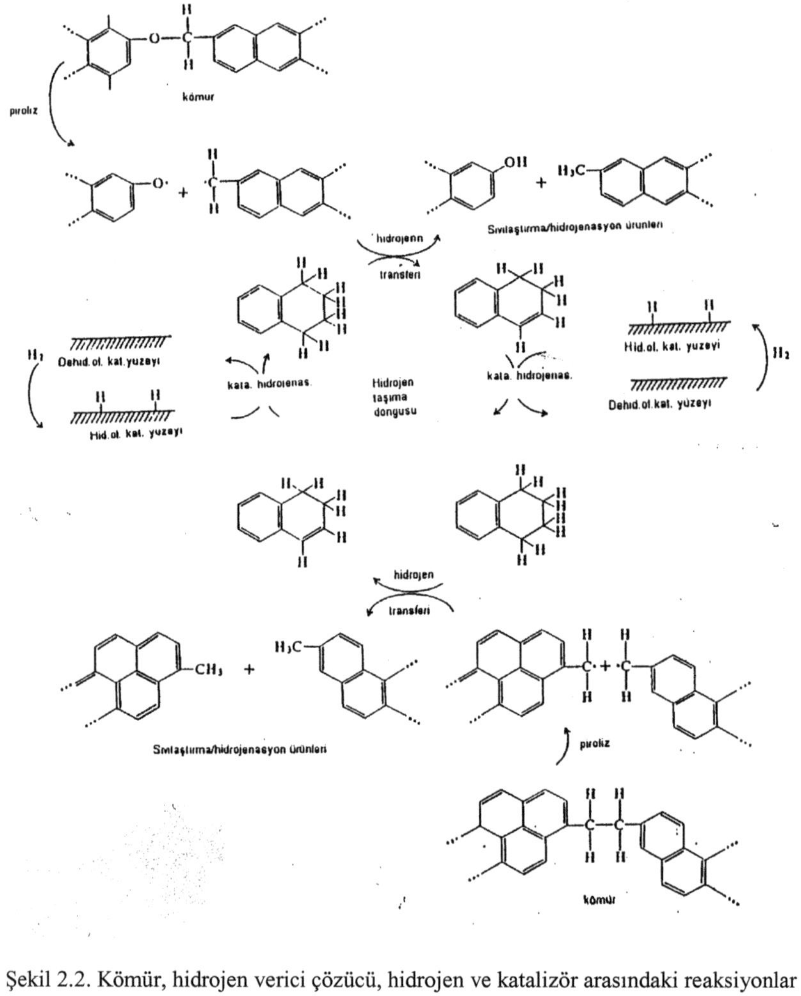

Şekil 2.2. Kömür, hidrojen verici çözücü, hidrojen ve katalizör arasındaki reaksiyonlar (Whitehurst *et al.* 1980)

2.2.2. Kömür sıvılaştırmasında katalizörün önemi

Doğrudan kömür sıvılaştırma proseslerinde katalizör, önemli bir rol oynamaktadır. Katalizörün kömür sıvılaştırma işlemlerindeki etkisinin anlaşılması uzun yıllar boyunca araştırma konusu olmuştur. Bu konudaki en kapsamlı değerlendirme 1988 yılında Derbyshire tarafından yayınlanmıştır (Derbyshire ve Hager 1994). Katalizör, hidrojen verici bir çözücüden veya reaksiyon gazından (inert gaz, H_2, H_2S, CO) kömür radikallerine hidrojen aktarımında, reaksiyon hızının ve ürünlerde H/C oranının artırılmasında, heteroatomların giderilmesinde ve çözücünün hidrojenlenmesinde etkin bir rol oynamaktadır (Liu *et al.* 1996). Artok *et al.* (1994), katalizör ve inert gaz kullanıldığı durumda sıvı/katı oranı, H_2 kullanılan duruma göre daha yüksek alınırsa hem toplam dönüşümün hem de sıvı ürün veriminin yaklaşık olarak aynı olduğunu belirtmiştir. Kömürün bileşiminde bulunan mineral maddeler de kömür sıvılaştırılmasında katalizör olarak etki etmektedirler. Kömürde bulunan çeşitli mineral maddelerin kömür dönüşüm tepkimelerindeki katalitik etkileri bir çok araştırmacı tarafından oldukça detaylı olarak incelenmiştir (Mukherjee ve Chowdhury 1976, Gollakota *et al.* 1989, Schobert 1992, Öztaş ve Yürüm 2000). Özellikle kömürdeki pirit veya piritik demirin hidrojenasyon ve depolimerizasyon tepkimelerinde etkin katalitik rol oynadığı ileri sürülmüştür (Cassidy *et al.* 1982).

Katalizör, reaksiyon hızını veya yönünü etkileyen fakat proseste yok olmayan ancak değişime uğrayabilen maddedir. Reaksiyon sırasında katalizör; reaktiflerle komplex oluşturur, bağlar yeniden düzenlendikten sonra ürünlerin desorpsiyonu ile katalizör ilk orijinal hale döner. Bir reaksiyon sisteminde termodinamik olarak mümkün birden fazla reaksiyon olabiliyorsa, uygun bir katalizör, reaksiyonlardan birinin diğerlerine nazaran çok hızlandırarak, genelde istenen bir ürünün oluşmasını sağlar ve yan ürün miktarını düşürür. Kömür sıvılaştırılmasında katalizör kullanılmasının temel amacı, ilk kömür çözünmesini ilerletmek ve çözünebilir ürünü üretmektir. Ürün kalitesini artırmak ikinci bir amaçtır (Karaca 1998).

Isı enerjisi etkisiyle sıvılaştırma çalışmalarında özellikle toplam sıvı ürün ve yağ verimini artırmak için uygun katalizörlerin bulunması amacıyla uzun yıllar boyunca çeşitli araştırmalar yapılmış ve katalizörlerin sıvı ürün dönüşümünü arttırdığı kanıtlanmıştır (Artok *et al.* 1992, Wang *et al.* 1992, Artok *et al.* 1994, Karaca *et al.* 2001). UV ışınları etkisiyle kömürlerin sıvılaştırılmasında katalizörlerin etkisi şimdiye kadar incelenmemiştir. Bu nedenle, bu çalışmada UV ışınları etkisiyle kömürlerin sıvılaştırılmasında katalizörün etkisinin incelenmesine gerek duyulmuştur.

2.2.3. Kömür sıvılaştırmasında katalizör kullanım şekilleri

Katalizörler, gaz fazından yada çözücüden kömür radikallerine hidrojen aktarımında, hidrokraking veya hidrojenasyon reaksiyonlarını hızlandırmakta etkilidir (Karaca *et al.* 2001). Ayrıca, gaz fazındaki hidrojenin çözücü fazına alınmasında etkili olduğu ifade edilmektedir (Martinez *et al.* 1988). Ortamda inert gaz bulunduğu durumlarda da katalizör, sıvı ürün verimini artırmaktadır (Artok *et al.* 1994). Isı enerjisi etkisiyle sıvılaştırma çalışmalarında, genellikle çoğunluğunu FeS_2, Fe_2O_3, FeSO4, $Fe(CO)_5$, $FeSO_4$, MoS_3, $Mo(CO)_6$, Al_2O_3'nin oluşturduğu değişik metal bileşikleri katalizör olarak kullanılmaktadır (Derbyshire ve Hager 1994, Miura *et al.* 1994, Watanable *et al.* 1996). Yapılan araştırmalar, bu bileşikler arasında $Fe(CO)_5$, $Mo(CO)_6$, FeS_2, Fe_2O_3'ın yağ dönüşümünde daha iyi sonuç verdiğini göstermiştir (Artok *et al.* 1992, Wang *et al.* 1992, Karaca *et al.* 2001).

Doğrudan kömür sıvılaştırma işlemlerinde katalizör genel olarak iki farklı şekilde kullanılmaktadır (Liu *et al.* 1996). Bunlar ;

1. Katalizörün fiziksel karıştırılması ve
2. Katalizörün kömür partikülleri üzerine emdirilmesidir.

Katalizörün fiziksel karıştırılması işleminde, katalizör kömür-çözücü ortamına doğrudan karıştırılarak sıvılaştırma işlemi yapılır. Bu yöntemde katalizör, kömüre etkin bir şekilde difüzlenemediği için oluşan serbest radikaller tekrar birleşip molekül ağırlığı yüksek moleküllerin oluşmasına sebep olabilmektedir.

Katalizör emdirme işleminde ise uygun bir çözücüde çözünebilen katalizörün belli derişimde çözeltisi hazırlanarak katalizör kömür gözeneklerine emdirilir. Bu işlem kendi arasında ikiye ayrılır:

a. Hazırlanmış katalizörün kömüre emdirilmesi
b. Katalizörün reaksiyon ortamında hazırlanıp kömüre emdirilmesi

a.Hazırlanmış katalizörün kömüre emdirilmesi

Katalizörün, sulu çözeltisi veya uygun bir çözücüde çözeltisi hazırlanarak kömür partikülleri ile iyice karışması sağlanarak suyun veya çözücüsünün buharlaşması sağlanır. Böylece, katalizörün kömür gözeneklerine etkin bir şekilde difüzlenmesi sağlanmış olur.

b. Katalizörün reaksiyon ortamında hazırlanıp kömüre emdirilmesi

Bu yöntemde ancak Fe_2S_3 gibi katalizörler kullanılabilmektedir. Bu işlemde önce, kömür Na_2S çözeltisiyle karıştırılr bunu takiben $FeCl_3$ çözeltisi ilave edilir. Daha sonra yıkama, süzme ve kurutma işlemleri yapılır. Bu şekilde katalizörün kömüre emdirilmesi sonucunda, katalizör yüzey alanı yüksek derecede artar ve tanecik çapı önemli derecede azalır. Bu yöntemle, doğrudan kömür sıvılaştırma verimi ve özellikle yağ verimi diğer yönteme göre daha yüksek olmaktadır (Hager *et al.* 1994, Derbyshire ve Hager 1994, Liu *et al.* 1996, Zhang *et al.* 1997)

2.3. Elektromanyetik Dalgalar

Elektromanyetik ışınım, boşlukta ya da maddesel bir ortamda elektromanyetik dalgalar (radyo dalgaları, ultraviyole ışınlar) biçiminde yayılan enerjidir. Elektromanyetik dalgaların varlığını öne süren ilk bilim adamı İngiliz fizikçi James Clerk Maxwell'dir. Maxwell 1864' de ortaya koyduğu elektromagnetizma kuramında ışığın, ışıyan öbür enerji biçimleri gibi dalga biçiminde yayılan bir elektromanyetik tedirginlik olduğunu öne sürdü. 1887'de Alman fizikçi Heinrich Hertz, eletromanyetik dalgaları elde etmeyi ve özeliklerini incelemeyi başardı ve bunu deneysel olarak kanıtladı (Halliday ve Resnick 1970).

Elektrik yüklerinin çevresinde elektrik alanları oluşur ve yüklerle birlikte hareket eder. Haraketli elektrik yüklerinin çevresinde de manyetik alanlar oluşur. Değişken bir elektrik alanına her zaman bir manyetik alan, değişken bir manyetik alana da bir elektrik alanı eşlik eder. Boşlukta, bu iki alan birbirine diktir ve elektromanyetik dalga biçiminde, doğrultusu her iki alana da dik olmak üzere yayılır. Elektromanyetik dalgaların ideal (hiçbir madde içermeyen, başka alanların ya da kuvvetlerin bulunmadığı) boşluktaki yayılma hızı, c evrensel bir sabittir ve değeri saniyede 299 800 km'ye eşittir (ışık hızı). Elektromanyetik dalgalar, bütün dalga hareketleri gibi, yansıma, kırılma, kırınım ve girişim özellikleri gösterir; enine bir dalga hareketi (titreşimin, yayılma doğrultusuna dik bir düzlem içinde yer aldığı dalga hareketi) olduğu için de kutuplanma özelliği gösterir. Elektromanyetik dalga bir sınırdan geçtiği zaman ya da vakumdan başka (maddesel) bir ortama girdiğinde, dalgayı oluşturan elektrik ve manyetik alanlar yayılma doğrultusuna tam dik olmaktan çıkar, bir başka deyişle yayılma doğrultusunda bileşenlere sahip olur. Bu bileşenler, dalganın yayılması sırasında enerji yitirmesine yol açar .

Elektromanyetik dalgalar, frekanslarına göre, özel adlarla anılan gruplara ayrılır. Bu gruplar arasındaki frekans sınırları kesin bir biçimde belirlenmiş değildir. Şekil 2.3.'de görüldüğü gibi elektromanyetik spekturum, en düşük frekanstan en yüksek frekansa (en uzun dalga boyundan en kısa dalga boyuna) doğru olmak üzere tüm elektrik ve radyo dalgalarını, mikrodalgaları, kızılötesi (ısı) ışınımı, görünür ışığı, ultraviyole (morötesi) ışınımı, X ışınları, gamma ışınlarını ve kozmik ışınları içine alır.

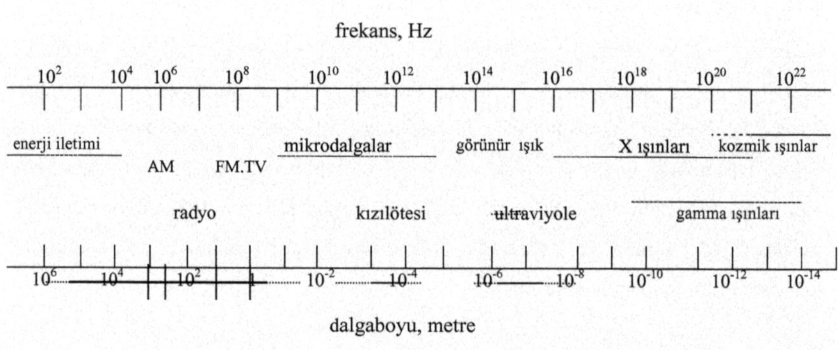

Şekil 2.3. Elektromanyetik Spekturum (Halliday ve Resnick 1970)

Elektromanyetik dalganın frekansını dalgayı oluşturan kaynak belirler. Elektromanyetik ışımayı oluşturan kaynaklar çok çeşitlidir. Radyo dalgaları genellikle yapay olarak ve elektronik devreler aracılığı ile elde edilir, ama evrende doğal olarak da bulunur. Bir verici anten, bir elektirik devresi yardımıyla üzerinde elektrik yüklerinin belirli bir frekansta titreştirildiği bir aygıttır. Böylece aynı frekansta elektromanyetik dalgalar oluşur ve çevreye yayılır. Verici antenin bir benzeri olan alıcı anten, gelen dalganın frekansına ayarlanmış bir rezonans devresine bağlıdır. Böylece elektromanynetik dalga elektriksel titreşimlere dönüştürülmüş olur. Işıma yayabilen her sistem, aynı ışımayı soğurabilir (Halliday ve Resnick 1970).

Verici ve soğurucunun dalga boyu özellikleri, boyutlarıyla karmaşık bir biçimde ilişkilidir. Dalga boyları uzun olan radyo ve televizyon dalgaları büyük antenlerden yayılır, dalga boyu metrenin milyonda biri mertebesindeki ışık ise atom boyutlarındaki titreşimlerin sonucudur. Atom ve molekül yapısı hakkındaki ayrıntılı bilgilerin büyük bölümü, atom ve molekül gibi doğal kaynaklardan yayılan ışımaların incelenmesi sonucu elde edilmiştir. Gamma ışınları, atom çekirdeğinin içinde oluşan hızlanmalar sonucu ortaya çıkar. X ışınları atoma en sıkı bağlı (çekirdeğe en yakın konumdaki) elektronlardan kaynaklanır. Atomun dış kabuklarındaki elektronlar ultraviyole ışınları ve görünür ışığı oluşturur, kızıl ötesi (infrared) ışınlar ise moleküllerin titreşimlerinden kaynaklanır. Işığın frekansı, onun rengini belirler. Gözümüz, farklı frekansdaki ışığa farklı şekilde cevap verdiği için, farklı renkleri ayırt eder. Gözümüze görünen ışınların dalga boyları 7.10^{-7} m (kırmızı ışık) ile 4.10^{-7} m (mor ışık) arasındadır. Bu bölgede yer olan ışınlar, görünür ışık olarak adlandırılır. Beyaz ışık, güneş ışığı da dahil, görünür bölgedeki bütün frekansların karışımıdır (Atkins ve Jones 1998).

Değişik frekanslardaki elektromanyetik ışıma türleri madde ile çok farklı biçimde etkileşime girer. Elektromanyetik dalgalara tümüyle saydam olan tek ortam vakumdur. Maddesel ortamlar kimi frekans bölgelerindeki dalgaları kuvvetli bir biçimde soğurur. Atmosfer görünür ışığı, kısa dalgaboylu kızılötesi ışımaları ve radyo dalgalarını hemen tümüyle geçirir, geri kalan bütün frekansları ise soğurur (çok yüksek enerjili kozmik ışın fotonları da atmosferden geçebilirler). Bu nedenle astronomi gözlemleri ancak atmosferin bu iki 'pencere'sinden (ışık ve radyo dalgaları) yararlanılarak gerçekleştirilebilir. Ama, örneğin X ışınları ile gökyüzünün incelenebilmesi, ancak atmosfer dışına gönderilen roketlere ya da uydulara yerleştirilen detektörlerle olanaklı olmaktadır. Cam, görünür ışık için hemen tümüyle saydam olduğu halde, görünür ışığa yakın dalga boyundaki ultraviyole (morötesi) ışınlar dışındaki UV bandındaki ışınları geçirmez. Zift gibi kimi dielektrik (yalıtkan) malzemeler görünür ışığı hiç hiç geçirmedikleri halde mikrodalga frekanslarındaki radar dalgalarına yeterince saydamdır; söz konusu malzemelerden bu frekanslarda kullanılmak üzere mercekler ve prizmalar yapılır (Halliday ve Resnick 1970).

2.3.1. Ultraviyole (UV) ışınlar

Ultraviyole (UV) ışınlar; elektromanyetik spektrumun 2.10^{-7}- 4.10^{-7} m dalga boyu aralığındaki ışınlardan oluşmaktadır. UV ışınları dalga boyu uzunluğuna göre Şekil 2.4.'de gösterildiği gibi UVA ($3,2.10^{-7}/4.10^{-7}$ m), UVB ($2,9.10^{-7}/3,2.10^{-7}$ m) ve UVC ($2.10^{-7}/2,9.10^{-7}$ m) olmak üzere üçe ayrılır (Kurumlu 1998).

UV ışınları, güneş ya da yapay kaynaklardan sağlanmaktadır. Dünya yüzeyine gelen güneş ışığı $2,9.10^{-7}$ - 3.10^{-6} m dalga boylarındaki ışınlardan oluşur. İnsan derisinde etkili olan ve bazı deri hastalıklarına neden olan ışınlar $2,9.10^{-7}$ - 4.10^{-7} m (UVA / UVB) dalga boyu aralığındaki UV ışınlarıdır. $2,9.10^{-7}$ m' den daha kısa dalga boyundaki ışınlar, dolayısıyla UVC ışınları ozon tabakası ve atmosferdeki moleküler oksijen tarafından seçimli olarak absorbe edildiğinden dünya yüzeyine ulaşamaz (Kurumlu 1998). Yeryüzüne ulaşan ışınların ise %5 kadarını UV ışınları oluşturur (Avcı 1998). Bu yüzyıla kadar UV ışınlarının kaynağı yalnız güneş iken, şimdilerde yapay UV kaynakları ile istenilen dalga boylarında UV ışınları elde edilebilmektedir. UVC ve UVB ışınları camdan geçemez. UVA ışınları ise camdan kolaylıkla geçebilmektedir (Avcı 1998).

UVA ışınları UV alanı içerisinde en uzun dalga boyuna sahip olanıdır. Yeryüzüne bu ışınların %4'ü ulaşır. Deride fotooksik ve fotoalerjik reaksiyonlar ve deri kanserine yol açabilir (Yener 1998). UVB ışınlarının %0,4'ü ulaşır. Deride güneş yanığına ve bronzlaşmaya neden olur. Ciltte serbest radikal oluşumunu arttırır. Oksidatif reaksiyonlarla hücre ve dokuların yıkılması sonucu ağrılar ortaya çıkabilir (Yener

1998). UVC ışınları en kısa dalga boyuna sahip ultraviyole ışınlarıdır. Dokuda hasar yapıcı etkisi vardır ve özellikle göz için zararlıdır (Avcı 1998). Ozon tabakası tarafından tamamen absorbe olması ve yeryüzüne çok az ya da hiç ulaşamaması gerekir. Ancak, son dönemlerde ozon tabakasında oluşan incelme ve yer yer delinmeler nedeniyle UVC tam olarak elimine edilememektedir (Kurumlu 1998). Buna bağlı olarak son on yılda cilt kanserlerinde artışlar meydana gelmiştir (Yener 1998).

Deriye ulaşan güneş ışığının bir kısmı yansır, büyük kısmı ise dalga boyu ve derinliğine bağlı olarak deri hücrelerindeki moleküller (DNA, RNA, cilt proteinleri) tarafından absorbe edilir. Fotonu absorbe eden bu molekül 'temel enerji seviyesinden' yüksek enerji seviyeli 'uyarılmış' duruma geçer ve fotonun enerjisi bu uyarılmış molekülde toplanır. Depolanan bu enerji başka bir moleküle aktarılabilir, ısı veya ışık olarak çevreye yayılabilir veya kimyasal değişime uğrayarak 'fotoürüne' dönüşebilir (Yener 1998).

UV dalga boylarını fiziksel dağıtma ve yansıtma mekanizmalarıyla birim yüzeydeki ışın yoğunluğunu azaltması nedeniyle UV ışınlarının zararlı etkilerinden korunmak için hazırlanan preparatlarda TiO_2, ZnO, SiO_2, ZrO, MgO, $CaCO_3$, talk ve kaolin gibi mineral maddeler kullanılmaktadır (Yener 1998). Bunlar arasında, UV ışınlarını dağıtmada ve yansıtmada en etkili olanları; titanyum dioksit (TiO_2) ve çinko oksit (ZnO)'tir (Kurumlu 1998). Bunlar, kimyasal ve biyolojik olarak inert olup deri üzerinde tahriş edici etkileri yoktur (Brown ve Galley 1990).

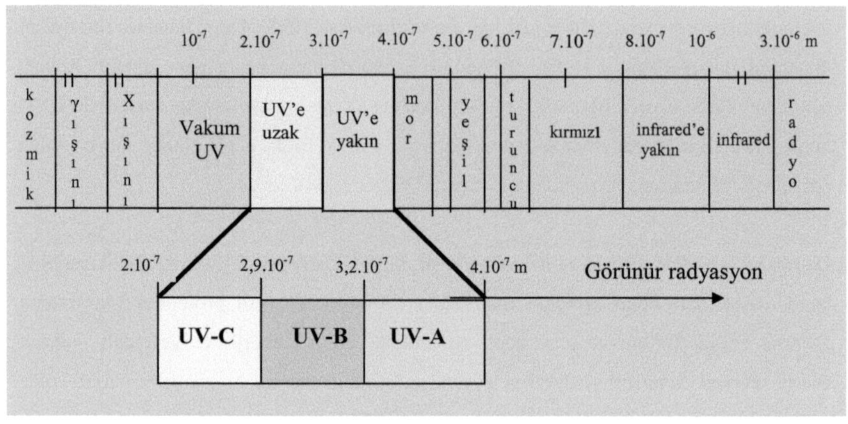

Şekil 2.4. Ultraviyole (UV) ışın tipleri (Kurumlu 1998)

2.4. Fotokimyasal Reaksiyonlar

10^{-7} - 10^{-6} m dalga boyu aralığındaki ışınların neden olduğu kimyasal olayların incelendiği bilim dalına fotokimya, meydana gelen kimyasal tepkimelere de fotokimyasal reaksiyon denir (Scandola ve Balzani 1988). Bazı özel fotokimyasal reaksiyonlara özel adlar verilmiştir. Örneğin; moleküllerin ayrışması ile sonuçlanan tepkimelere fotoliz, izomerleşme ile sonuçlananlara fotoizomerizasyon, bitkiler tarafından güneş ışınları etkisiyle CO_2 ve sudan karbonhidratların sentezlenmesine ise fotosentez denir.

Bir ışın demeti çok sayıdaki tanecikten meydana gelir. Bu taneciklere foton, enerji paketleri veya enerji kuantumları denir. Elektromanyetik ışınım fotonların akışı olarak düşünülebilir. Elektromanyetik ışıma, dalga niteliğinin yanı sıra parçacık niteliği de gösterir. Parçacık (foton) kütleye sahip değildir. Ancak, $h\nu$ kadar bir enerjiye sahiptir ve ışının frekansı ile artar. Buradan, frekans ile dalga boyu arasındaki ilişkinin $\nu=c/\lambda$ olduğu düşünülürse, ışının enerjisinin dalga boyu ile ters orantılı olduğu görülür.

Burada; h, Planck sabiti olarak bilinen ve doğanın temel sabitlerinden biri olan 6,626.10^{-34} J.s sayısı, c ışık hızı olup değeri 3.10^{10} cm/s dir. Radyo dalgaları gibi düşük frekanslı elektromanyetik ışın türlerinde foton enerjisi çok küçüktür. Örneğin; 1 Mhz için 6,6.10^{-28} J = 4.10^{-9} eV'dur. Bu nedenle, ışının enerjisi etkili değildir, fotonların madde yapısıyla etkileşimi önemsizdir. 10^{-7}-10^{-6} m arasındaki ışınlar için ise foton enerjisi 1,99.10^{-18} J (11,2 eV) -- 1,99.10^{-19} J (1,12 eV) arasındadır. Avogadro sayısı kadar ışının enerjisi 10^{-7} m için 1,99.10^{-18} J * 6.02.10^{23} =1198 kJ (286 kcal), 10^{-6} m için ise 119,8 kJ (28,6 kcal) değerindedir. Kimyasal bir bağın koparılması için örneğin; Br_2 molekülünde Br-Br bağı için 190 $kJmol^{-1}$, CH_4 molekülünde C-H bağı için 416 $kJmol^{-1}$ olduğu düşünülürse 10^{-7}-10^{-6} m dalga boyu aralığı fotokimyasal reaksiyonlar için yeterlidir. Bu nedenle, fotokimya alanında bağ enerjisini veya bir molekülde atomlar arasındaki bir bağı koparmak için gereken enerji 3.10^{15} Hz ile 3.10^{14} Hz frekans bölgesine karşılık gelen 10^{-7}-10^{-6} m dalga boyu aralığındaki ışınlardan sağlanır. Fotokimyasal değişim, moleküller içindeki bağların gerçekten koparılmasına veya esas itibariyle bağların gevşetilmesine neden olur (Scandola ve Balzani 1988).

Işık madde üzerine farklı şekillerde etki edebilir. Madde ile ışığın etkileşmesi olayı kırılma, yansıma, dağılma ve absorplama şeklinde olur. Kırılma, yansıma ve dağılma etkileşimlerinde ışının enerjisi korunur ve moleküllere aktarılmaz. Absorplama olayında ise ışının enerjisi moleküllere aktarılır. Moleküllerle ışığın etkileşimi genellikle bir fotonla bir molekülün etkileşimi şeklindedir. Bu etkileşim, genel olarak aşağıdaki gibi gösterilir (Scandola ve Balzani 1988).

$$A + h.\nu \longrightarrow {}^{*}A$$

Burada, A temel enerji seviyesindeki molekülü, h.ν absorplanan fotonu ve *A uyarılmış molekülü gösterir. Bir molekül temel elektronik seviyeden uyarılmış seviyeye h.ν foton enerjisini alarak geçer. Bu enerjiye temel hal ile uyarılmış hal arasındaki boşluk (geçiş) enerjisi denir. Bu boşluk enerjisi, genellikle organik ve inorganik moleküller için görünür ve ultraviyole bölgesindeki ışınlara karşılık gelmektedir. Uyarılan bir molekül 10^{-8} s gibi çok kısa bir süre kaldıktan sonra temel haline döner.

Uyarılmış bir molekül Şekil 2.5.'de gösterildiği gibi ışın veya ısı yayarak eski haline dönebilir veya fotokimyasal değişime uğrayabilir (Scandola ve Balzani 1988).

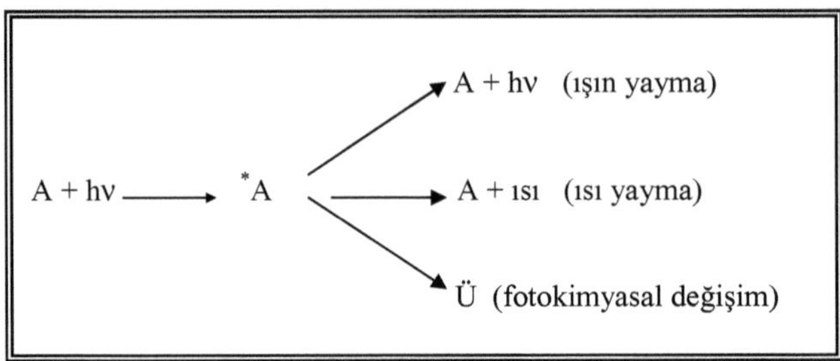

Şekil 2.5. Uyarılmış bir molekülün deaktivasyon prosesi (Scandola ve Balzani 1988)

Işın enerjisinin kimyasal enerjiye dönüşümünde fotokimyasal elektron aktarım reaksiyonları önem taşır. Elektron aktarım mekanizması aşağıdaki reaksiyonlar ile ifade edilebilir.

$$A + B \xrightarrow{h\nu} {}^{*}A + B$$

$${}^{*}A + B \longrightarrow A^{+} + B^{-}$$

$$A^{+} + B^{-} \longrightarrow A + B + \text{ısı}$$

Fotokimyasal reaksiyonlar, fotokatalizörler kullanılarak hızlandırılabilmektedir (Yamashita *et al.* 1996). Eğer bir molekül ışığı absorplayamıyorsa veya uyarılmış hali tepkimeye giremeyecek kadar kısa ömürlü ise fotokimyasal prosese aracılık yapması için fotouyarıcı olarak adlandırılan maddeler ortama ilave edilir. Işın enerjisini doğrudan alamayan molekül kolay uyarılabilen fotouyarıcı molekülün aldığı enerji ile aktiflenerek tepkimeye girer. Fotouyarıcılar absorplanan ışının etkilerini artırır ve ışın enerjisinin kimyasal enerjiye dönüşümünde etkin rol oynar (Kisch 1988). Fotokatalizörlerin bu özelliğinin, kömürlerin fotokimyasal sıvılaştırılması işleminde sıvı ürün verimini arttırabileceği düşüncesiyle, bu çalışmada fotouyarıcı olarak adlandırılan yarı iletken maddeler (TiO_2, ZnO) kömürün fotokimyasal reaksiyon ortamında katalizör olarak kullanılmıştır.

Litratürdeki fotokimyasal çalışmalar incelendiğinde genellikle TiO_2 nin katalizör olarak kullanıldığı görülür. TiO_2 fotokatalizörünün tercih edilmesinin nedenleri aşağıdaki gibi sıralanabilir (Karakitsou ve Verykios 1993, Legrini *et al.* 1993).

♦ Toksik olmaması,

♦ Fotokrozyona dirençli olması,

♦ Eşik enerjisinin elektronların değerlik bantından iletkenlik bandına rahatlıkla geçebilecek büyüklükte olması,

♦ Güneş ışığı ile uyarılabilir olması,

♦ Katalizör desteği üzerine ince film şeklinde kaplanabilir olması,

♦ Ucuz olması.

Literatürdeki fotokimyasal çalışmalar genellikle endüstriyel atık sulardaki organik maddelerin giderilmesi üzerine yoğunlaşmıştır. Tarım ilaçları, petrokimya tesisleri, tekstil, kağıt gibi endüstri dallarının atıkları, toksik maddelerin kaza sonucu dökülmesi yada bu maddelerin depolandığı alanların yetersiz koşullarda olması sebebiyle kirlilikler oluşmaktadır. Biyolojik yollarla bozunması güç olan bu kimyasallardan bazıları ekolojik sistemde uzun süre bozunmadan kalmakta ve insan sağlığı ile suda yaşayan canlıları olumsuz yönde etkilemektedir.

Atık suların temizlenmesinde biyolojik arıtma, aktif karbon adsorpsiyonu ve ekstraksiyon gibi yöntemlerin uzun süre alması, düşük verimliliğe sahip olması, ikincil kirleticilerin oluşmasına neden olması, pahalı olması ve minerilizasyonun tam gerçekleşememesi gibi sebeplerden dolayı son yıllarda İleri Oksidasyon Prosesleri (AOP) geliştirilmeye başlanmıştır (Legrini *et al.* 1993). Bu prosesler H_2O_2 / UV, Ozon / UV ve H_2O_2 / Ozon / UV' nin uygulandığı homojen ve TiO_2 , ZnO, CdS gibi yarı iletkenlerin katalizör olarak kullanıldığı heterojen sistemler olmak üzere iki gruba ayrılmaktadır. Heterojen sistemlerde arayüzey etkileşiminin homojen sistemlere kıyasla fotokimyasal prosesleri kontrol etmede daha etkili olduğu ileri sürüldüğünden değişik yüzeyler üzerine adsorplanan moleküllerin fotofiziksel ve fotokimyasal özellikleri son yıllarda büyük ilgi çekmektedir (Kamat ve Ford 1987). Fotouyarıcı katalizörler genellikle çok küçük partikül boyutlu süspansiyonu şeklinde veya destekleyici bir malzeme üzerine kaplanmış olarak kullanılmaktadır (Matthews ve McEvoy 1992, Yamashita *et al.* 1996, Yeber *et al.* 2000).

2.4.1. Yarı iletken fotokatalizörler ve özellikleri

Fotokatalitik proseslerde katalizör olarak yarı iletkenler kullanılmaktadır. Şekil 2.6.'da iletken, yalıtkan ve yarı iletken için enerji düzeyleri görülmektedir.

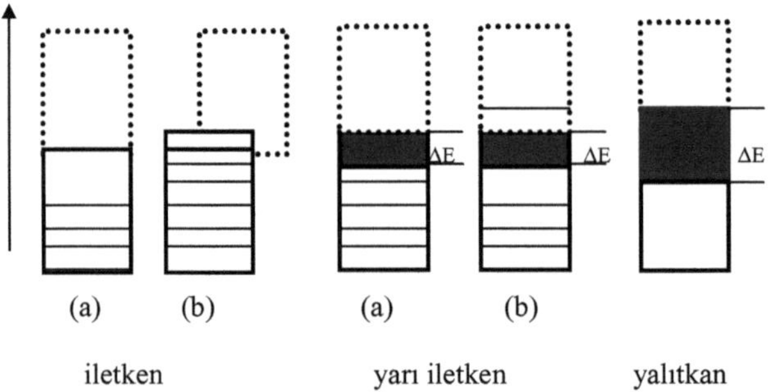

Şekil 2.6. İletken, yalıtkan ve yarı iletken için enerji düzeyleri (Şenvar ve Alpaut 1980)

Kısmen dolu değerlik bandı iletkenlik bandı ile üst üste geliyorsa (a) veya tamamen dolu değerlik bandı iletkenlik bandı ile az yada çok örtüşüyorsa (b) iletkenlik söz konusudur. Bantlar birbirine yakın olduğundan, bir elektronun değerlik bandından iletkenlik bandına geçmesi için oldukça küçük miktarda enerjinin alınması yeterlidir. Böylece bir iletkenin değerlik elektronları, geniş bir dalga boyu aralığındaki ışığı absorbe ederek daha yüksek enerji seviyesindeki iletkenlik bandına geçebilir. Bu şekilde serbestçe hareket eden elektronlar, metallerde yüksek düzeyde ısı ve elektrik iletkenliği sağlar.

Yarı iletken ve yalıtkanlarda değerlik bandı ile iletkenlik bandı arasında ΔE genişliğinde yasak bant (boş yük bölgesi) vardır. Yarı iletkenlerde değerlik bandı küçük bir ΔE aralığı ile iletkenlik bandından ayrılmaktadır. Yalıtkanlarda ise ΔE aralığı büyüktür. Böylece yarı iletkenlerde elektronlar kolayca iletkenlik bandına uyarılabilirler. Elektronların iletkenlik bandına uyarılabilmesi için gerekli minimum enerji eşik enerjisidir. Bu şekilde bir kısım elektronun uzaklaşması ile değerlik bandında meydana gelen pozitif delikler (h^+) ile iletkenlik bandına geçen elektronlar (e^-) yoluyla iletkenlik sağlanır (Şenvar ve Alpaut 1980).

Yalıtkanlarda değerlik bandı ile iletkenlik bandı arasındaki ΔE aralığı oldukça büyük olduğundan ışık enerjisi ile elektronların yasak bölgeyi geçip iletkenlik bandına uyarılabilmesi güçtür. Böylece yalıtkanların iletkenliği son derece düşüktür.

2.4.2. Fotokimyasal reaksiyonların kömür teknolojisindeki uygulamaları

Fotokimyasal enerji; polimerlerin polimerizasyon/depolimerizasyon reaksiyonlarında, sterilizasyon işlemlerinde, kimyasal bileşiklerin sentezlenmesinde, başta fenol olmak üzere çeşitli organik kirletici maddelerin atık sulardan parçalanarak uzaklaştırılmasında ve içme sularının dezenfeksiyonu gibi bir çok alanda yaygın olarak kullanılmaktadır. Ancak, fotokimyasal enerjinin kömür teknolojisindeki uygulamaları çok nadirdir. Geleneksel kömür dönüşüm proseslerinde gerekli olan enerji ısı enerjisi ile sağlanmaktadır ve bu tip prosesler yüksek sıcaklık ve basınç gerektirmektedir. Kömürün fotokimyasal reaksiyonları yüksek basınç ve sıcaklık gerektirmeden ortam sıcaklık ve basıncında gerçekleştirilebilir. Fotokimyasal enerjinin, kömür dönüşüm proseslerinde ekonomiklik sağlaması bu yöntemi çekici kılmaktadır. Ayrıca, fotokimyasal sıvılaştırma ile elde edilen sıvı ürün içerisinde yağların daha büyük moleküllü asfalten (AS) ve preasfalten (PAS) fraksiyonları içerisinde daha yüksek yüzdeye sahip olması bu yöntemin çekiciliğini artırmaktadır (Yürüm ve Yiğinsu 1982, Söğüt ve Olcay 1998).

UV ışınlarının neden olduğu fotokimyasal olayların kömür reaksiyonlarındaki ilk uygulamalarını Hayatsu *et al.* (1978) tarafından yapılan kömürlerin fotokimyasal oksidasyonu ve Mains *et al.* (1978) tarafından fotokimyasal olarak oluşturulan hidrojen atomları ile kömür molekülleri arasındaki etkileşimlerin incelendiği çalışmalar oluşturmaktadır (Yürüm ve Yiğinsu 1982).

Yürüm ve Yiğinsu (1982), Beypazarı-Hırka linyitinin asitle katalizlenmiş depolimerizasyon ürün dağılımına UV ışınlarının etkisini incelemiştir. Depolimerizasyon deneyleri, hem ısıl hem de UV ışınlarının etkisiyle gerçekleştirilerek ürün verimleri ve ürünlerin bağıl molar kütleleri karşılaştırılmıştır. Deneylerde çözücü olarak fenol, katalizör olarak da H_2SO_4 kullanılmış olup her iki tip deneylerde de aynı miktar başlangıç maddeleri kullanılmıştır. Elde edilen sıvı ürünler çözücü ekstraksiyonu ile ve silika jel kromotrafisi ile fraksiyonlarına ayrılmış ve ürünlerin ^{1}H n.m.r. analizi ve ortalama molekül ağırlıkları tayin edilmiştir. Aynı miktarda başlangıç maddeleri kullanılmasına rağmen UV ışınları etkisiyle sıvılaştırma deneylerinde çözünen madde miktarının ısıl yöntemle elde edilenden daha fazla olduğu bulunmuştur. Araştırmacılar bunun nedenini; fotokimyasal tepkimelerde fenolün daha fazla harcanmasına, ısıl tepkimelerde ise daha az fenolün tepkimelere katılmasına bağlamışlardır. Ayrıca UV ışınları etkisiyle elde edilen sıvı ürünlerin bağıl molar kütlerinin ısıl olarak elde edilen ürünlerden daha küçük olduğu ve daha az metilen köprüleriyle bağlanmış daha az hidroaromatik yapılar içerdiği saptanmıştır. Çalışmada; UV ışınlarının etkisi ile gerçekleştirilen deneylerde başlangıçta kullanılan kömürden daha fazla miktarda katı kalıntı elde edilmiştir. Araştırmacılar, katı kalıntının miktarının artmasının UV ışınlarının fenolün polimerize olmasına neden olmasından kaynaklanmış olabileceğini ileri sürmüşlerdir.

Doetschman *et al.* (1992), kömürlerin THF ile ekstraksiyonu işleminde UV ışınlarının etkisini bir çok kömür örneği için denemiştir. İşlem, THF içerisinde kömür süspansiyonu oluşturularak, süspansiyonun UV ışınları ile ışınlanmasıyla gerçekleştirilmiştir. Bir çok kömür örneği için ışınlamanın yapıldığı durumda ekstraksiyon veriminin arttığı, bazı alt bitümlü kömürlerin ise fotokimyasal ekstraksiyona duyarsız kaldığı saptanmıştır. Sürekli ışınlamaya göre oluşan ekstraktın uzaklaştırılması ve çözücünün tazelenmesi ekstraksiyon verimini daha fazla artırmıştır. Çalışmada, fotokimyasal ekstraksiyon verimi karanlıktaki ekstraksiyon verimine göre 5 kat daha fazla olarak gerçekleşmiştir. Araştırmacılar, fotokimyasal ekstraksiyon veriminin, süreye ve çözücünün tazelenmesine bağlı olduğunu ve fotokimyasal olayın kömür partiküllerinin doğrudan uyarılması ile veya enerji transfer vasıtası yada kimyasal reaktif olarak davrandıkları varsayılan ekstrakt moleküllerinin uyarılması sonucu bu moleküllerin kömür yapısının parçalanmasına sebep olduğu sonucuna varmışlardır. Ekstrakt yapılarının incelenmesi, UV ışınlarının kömürün makromoleküler yapısının zincir parçalanmasına veya hidroaromatik yapının aromatikleşmesine sebep olduğunu ortaya çıkarmıştır.

Söğüt (1997), Beypazarı linyitinin katalizörsüz ortamda tetralindeki çözünürlüğüne ve desülfürizasyonuna UV ışın gücü ve süresinin etkisini incelemiştir. Çalışmada elde edilen sonuçlardan, genel olarak ışın gücü ve tepkime süresinin artması ile sıvı veriminin arttığı bulunmuştur. Sıvı veriminin artmasında sadece ışın gücünün artırılmasının yeterli olmadığı belli bir ışın gücünden sonra çok uzun tepkime sürelerinin gerekli olduğu sonucuna varılmıştır. Sıvı ürünlere dağılımda yağlara dönüşümün belirgin olarak yüksek olduğu gözlenmiştir. Çalışmada elde edilen sıvı ürün ve çar miktarının toplamının başlangıç kömüründen daha yüksek olduğu saptanmıştır. Çar miktarındaki artışın, UV ışınlarının sıvılaştırmada kullanılan tetralinin polimerizasyonuna neden olmasında kaynaklanabileceği şeklinde açıklanmıştır. UV ışınları ile sıvılaştırma işleminin linyitte kül, uçucu madde ve kükürt uzaklaştırması sağladığı belirlenmiştir. Çalışmada uzaklaştırılan kükürt, kül ve uçucu madde yüzdeleri ile ışık gücü ve tepkime süresi arasında bir ilişki olmadığı her bir durumdaki davranışların farklı olduğu gözlenmiştir.

Söğüt ve Olcay (1998) tarafından Tunçbilek, Muğla-Yatağan ve Beypazarı linyitlerinin UV ışınları etkisiyle tetralindeki çözünürlüğü katalizörsüz ortamda araştırılmıştır. Çalışmada, UV ve güneş ışınlarının ve asitle yıkama işleminin dönüşüm ve ürün dağılımı üzerine etkileri incelenmiştir. UV ışınları etkisiyle yapılan deneylerde tepkime süresi 24-120 h, güneş ışınları etkisiyle yapılanlarda 1-4 hafta aralığında değiştirilmiştir.

Elde edilen sıvı ürünler çözücü ekstraksiyonu ile fraksiyonlarına ayrılmıştır. Tepkime süresinin artmasıyla kömür dönüşümü artmıştır. Güneş ışığı ile yapılan deneylerde de benzer sonuçlara ulaşılmıştır. İyon değişebilir katyonların uzaklaştırılabildiği asitle yıkama işleminin uzun reaksiyon sürelerinde çözünürlüğü azalttığı saptanmıştır. UV ışınları yardımıyla linyitlerinden elde edilen sıvı verimi linyit tipine göre değişiklik göstermiş olup en yüksek sıvı verimi Tunçbilek linyitinde yaklaşık %58, en düşük sıvı verimi ise Beypazarı linyitinde %22 olarak gerçekleşmiştir. Ayrıca, yağlara dönüşümün diğer fraksiyonlara (AS ve PAS) göre belirgin olarak yüksek olduğu bulunmuştur .

3. MATERYAL ve YÖNTEM

3.1. Deneylerde Kullanılan Linyit Örnekleri, Çözücüler ve Katalizörler

Deneysel çalışmalarda Beypazarı-Çayırhan kömür işletmelerinden ve Tunçbilek-Ömerler sahasından temin edilen linyit örnekleri kullanılmıştır. Linyit örnekleri önce çekiçli kırıcıda kırılmış daha sonra içinde demir bilyeler bulunan seramik kavanozdan oluşan değirmende öğütülmüştür.

Eleme işlemi için Endecotts marka ISO 3310-1 standartlarında paslanmaz çelik elekler kullanılmıştır. Bütün kömür numuneleri –300 μm'nin altına geçene kadar, elek üstünde kalan kömürlerin tamamı tekrar tekrar öğütülmüştür. Bu şekilde hazırlanmış linyit örnekleri laboratuvar şartlarında sabit tartıma gelene kadar kurutulduktan sonra ağzı kapaklı plastik kutularda deneylerde kullanılmak üzere saklanmıştır.

Kullanılan linyit örneklerinin kısa ve elementel analizleri Maden Tetkik Arama Genel Müdürlüğü, yakıt analizleri servisinde Leco TGA-601 ve LECO-CHN cihazında yaptırılmıştır. Deneylerde kullanılan çözücü ve katalizörlerin bazı fiziksel özellikleri Çizelge 3.1.'de verilmiştir.

Çizelge 3.1. Çözücü ve katalizörlerin fiziksel özellikleri

		Formül	Molekül ağırlığı	Erime noktası, °C	Özgül ağırlık (20°/4°)	Kaynama noktası, °C
Çözücü	Tetralin	$C_{10}H_{12}$	132	-31	0,973	206[764]
	Tetrahidrofuran	C_4H_8O	72	-65	0,888	65
	Hegzan	C_6H_{14}	86	-94	0,659	69
	Toluen	C_7H_8	92	-95	0,866	110,8
Katalizör	Titanyum dioksit	TiO_2	79,9	1640	4,26	<3000
	Çinko oksit	ZnO	81,4	>1800	5,47	------
	Çinko klorür	$ZnCl_2$	136,3	283	2,91	732

3.2. Deney Sistemi

UV ışınları etkisiyle sıvılaştırma deneyleri gücü 30-210 Watt arasında değiştirilebilen UV kamarasında 500 ml hacminde kuvars balon ve karıştırma hızı ayarlanabilen bir manyetik karıştırıcıdan oluşan bir sistemde gerçekleştirilmiştir. Deneyler sabit karıştırma hızında yapılmıştır. UV kaynağı için, her biri 30 Watt gücündeki yüksek basınç civa buharlı (Philips UV-C) lambalar kullanılmıştır. Sıvılaştırma deneylerinin yapıldığı UV kamarası Şekil 3.1.'de gösterilmiştir. UV kamaranın iç yüzeyi ışığı yansıtmak için aluminyum folyo ile kaplanmıştır.

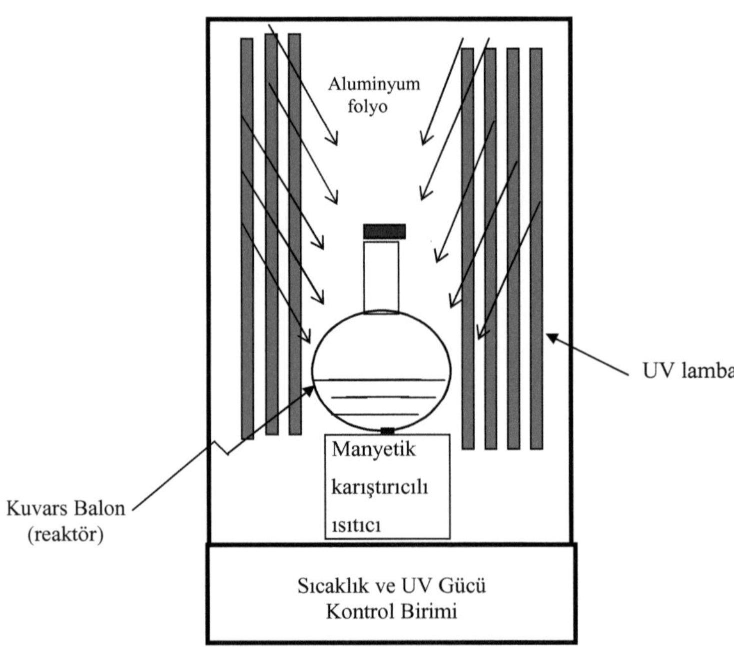

Şekil 3.1. Deney Düzeneği

3.3. Deneylerin Yapılışı

3.3.1. Katalizör emdirme işlemi

$ZnCl_2$ tuzu linyit partikülleri üzerine emdirilerek, sıvı ürün verimi ve fraksiyonlara dağılımının ışınlama süresi ile değişimi incelenmiştir. Bunun için, $ZnCl_2$' ün belli derişimde çözeltisi hazırlanmıştır. Ağırlıkça %5 (katalizör,g / linyit,g) olacak şekilde belli miktardaki linyit numunesi ile $ZnCl_2$ çözeltisi ısıtıcılı manyetik karıştırıcıda 85 ^{0}C de belli karıştırma hızında 3 h süreyle iyice karıştırılarak suyun buharlaşması sağlanmıştır. Daha sonra, suyu büyük oranda uzaklaşan emdirilmiş linyit numuneleri vakum etüvünde sabit tartıma gelene kadar kurutulmuştur.

3.3.2. Sıvılaştırma işlemi

UV ışınları etkisiyle sıvılaştırma işlemi katalitik ve katalitik olmayan koşullarda olmak üzere iki ana bölümde gerçekleştirilmiştir. Deneylerde tetralin/linyit oranı ağırlıkça 5/1 olarak alınmış, Beypazarı-Çayırhan ve Tunçbilek-Ömerler linyiti kullanılmıştır. Sıvılaştırma deneyleri önce katalitik olmayan koşulda 0, 60, 120 ve 180 Watt UV ışın kaynağı güçlerinde ve her bir güçte 1, 2, 3, 5 ve 10 gün tepkime sürelerinde gerçekleştirilmiştir. Bu deneyler sonunda en uygun ışın kaynağı gücü belirlendikten sonra, bu ışın kaynağı gücünde katalitik sıvılaştırma deneyleri gerçekleştirilmiştir.

Katalitik olmayan koşullardaki deneylerde kuvars balona 15 g kömür ve 75 g tetralin tartılarak konulmuş, katalitik koşullardaki deneylerde ise ağırlıkça %5 (katalizör,g / linyit, g) olacak şekilde toz halindeki 0,75 g katalizör tartılarak kömür partiküllerine ilave edilmiştir. TiO_2 ve ZnO reaksiyon ortamına fiziksel karıştırma suretiyle serbest süspansiyon şeklinde, $ZnCl_2$ ise kömür partiküllerine emdirilmek suretiyle ilave edilmiştir. Katalitik koşullardaki deneylerde tetralin ilave edilmeden önce linyit-katalizör partiküllerinin birbiriyle homojen bir şekilde karışması sağlanmıştır. Hem katalitik hem de katalitik olmayan deneylerde linyit-tetralin ve linyit-katalizör-tetralin karışımının tepkime süresince iyice etkileşmesini sağlamak amacıyla sistem üzerine UV ışınları gönderilmeden önce karışım 2-3 dakika karıştırılmış ve daha sonra da kuvars balon üzerine istenilen güçte UV ışınları gönderilerek tepkime başlatılmıştır. Işın gücünün değişimi lamba sayısı ile ayarlanmış olup 0 Watt ışın gücündeki deneyler aynı tepkime koşullarında karanlıkta gerçekleştirilmiştir.

Bütün deneyler, oda sıcaklığında ve atmosferik basınçta gerçekleştirilmiş olup belirlenen tepkime süresi sonunda sistem kapatılıp tepkime sıcaklığı ölçülmüştür. Tepkime sıcaklığının 33 ^{0}C geçmediği gözlenmiştir. Belirlenen tepkime süreleri sonunda, UV kamarasından kuvars balon alınmış ve içerisindeki karışım süzülerek katı ve sıvı fazlar birbirinden ayrılmıştır. Balon içerisinde kalan kısım THF ile yıkanarak alınmış ve katı faz önce bu karışım ile daha sonra da THF ile yıkanmıştır. Elde edilen süzüntü sıvı faza ilave edilmiştir. Katı faz tepkimeye girmemiş linyit, sıvı faz ise tetralin ve tetralinde çözünebilen linyit ürünlerinden oluşmaktadır. Katı faz THF ile soxhlet ekstraksiyonuna tabi tutularak yıkanmış ve ilk süzüntü ve yıkama sonucu elde edilen süzüntü birleştirilmiştir. Bu karışımdan önce THF atmosferik basınçta döner buharlaştırıcıda uzaklaştırılmış daha sonra tetralin vakum altında aynı döner buharlaştırıcıda uzaklaştırılarak karışım belli bir miktara deriştirilmiştir. Daha sonra sıvı ürün yağ, asfalten ve preasfalten olarak fraksiyonlanmıştır. Bu işlem için, deriştirilen karışım üzerine 200 ml hegzan ilave edilip bir gece bekletilerek yağların hegzanda çözünmesi sağlanmıştır. Hegzanda çözünen yağlar süzülerek asfalten ve preasfaltenlerden ayrılmıştır. Süzüntüde bulunan hegzan döner buharlaştırıcıda atmosferik basınçta uzaklaştırılmış ve yağlar elde edilmiştir.

Hegzanda çözünmeyen, süzgeç kağıdında ve balonda kalan kısım üzerine 200 ml toluen ilave edilmiş ve yine bir gece bekletilerek asfaltenlerin toluende çözünmesi sağlanmıştır. Karışım süzme işlemine tabi tutularak asfaltenler, preasfaltenlerden ayrılmıştır. Toluen, asfaltenlerden döner buharlaştırıcıda uzaklaştırılarak ayrılmıştır. Toluende çözünmeyen ürünler ise preasfalten olarak alınmıştır. Kömür sıvılaştırma deneylerinde takip edilen işlem basamakları Şekil 3.2.'de gösterilmiştir.

Geride kalan katı kalıntı (çar) önce oda sıcaklığında daha sonra da vakum etüvünde 100-110 ^{0}C da 24 h süreyle kurutulmuştur. Daha sonra, çarda kül, uçucu madde (UM), toplam kükürt (S_{toplam}) ve külde kükürt ($S_{kül}$) analizleri yapılmıştır.

Sıvı ürün verimleri kuru külsüz temelde aşağıdaki eşitlikler yardımıyla hesaplanmıştır.

$$\% \text{ Sıvı ürün verimi} = \frac{\text{Toplam ekstrakt (kkt), g}}{\text{Linyit (kkt), g}} * 100$$

$$\%\text{Yağ, AS, PAS} = \frac{\text{Yağ, AS, PAS (kkt), g}}{\text{Linyit (kkt), g}} * 100$$

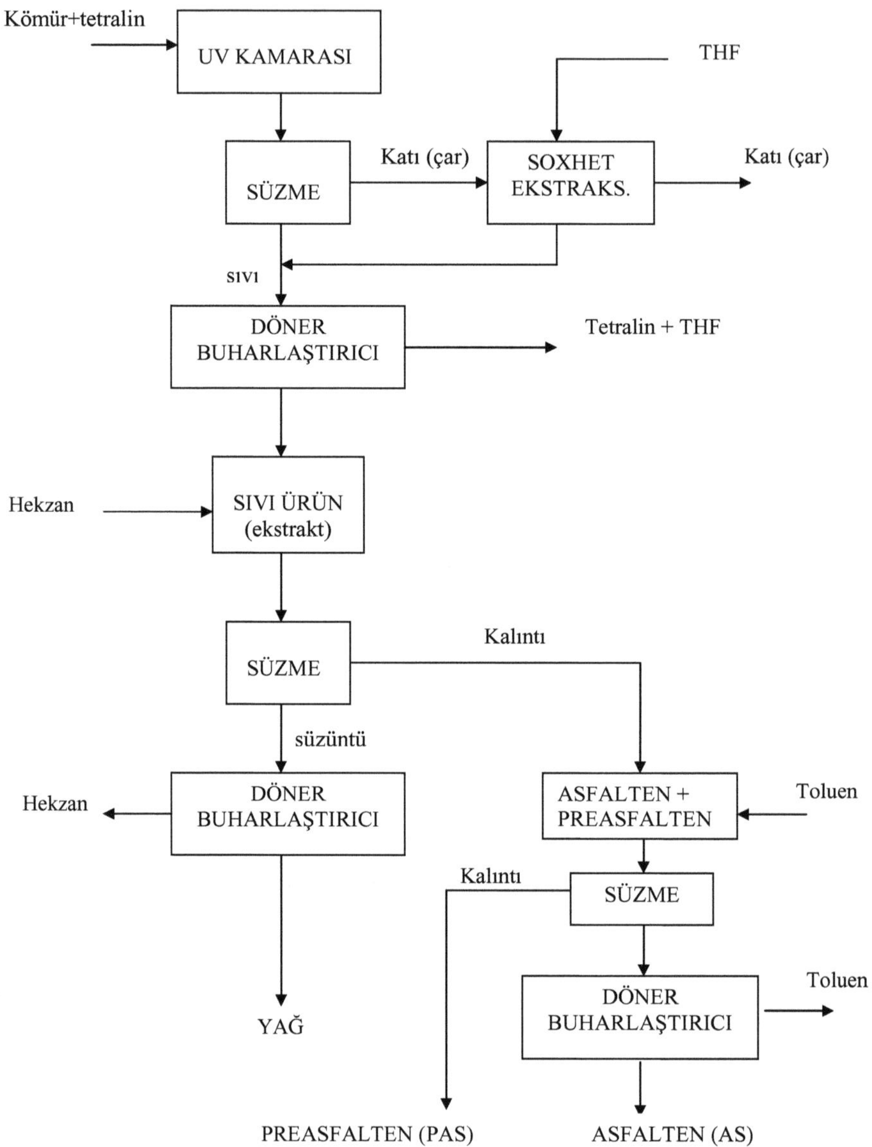

Şekil 3.2. Sıvı ürünün fraksiyonlanması

3.3.3. Çar analizleri

Sıvılaştırma işlemi sonunda geride kalan katı kalıntı (çar) vakum koşullarında kurutulduktan sonra nem, uçucu madde ve kül analizleri Leco TGA-601cihazında, toplam ve külde kükürt analizleri ise Leco Endüksiyon Fırını yöntemi kullanılarak Leco SC-144DR analiz cihazında Maden Tetkik ve Arama Genel Müdürlüğü yakıt analizleri servisinde gerçekleştirilmiştir. Yanar kükürt içeriği toplam kükürtten kül verimi ile külde kükürt çarpımının çıkarılması ile bulunmuştur. % Uzaklaştırılan kül, uçucu madde, toplam ve yanar kükürt miktarları aşağıdaki eşitlik ile hesaplanmıştır (Karacan 1997).

$$\%\ \text{Uzaklaştırılan A} = \frac{\%\ \text{Linyitteki A} - \text{Çar verimi} \times \%\ \text{Çardaki A}}{\%\ \text{Linyitteki A}} * 100$$

A : kül, uçucu madde, toplam ve yanar kükürt içeriğini göstermektedir.

4. ARAŞTIRMA BULGULARI ve TARTIŞMA

4.1. Deneylerde Kullanılan Linyitlerin Özellikleri

Deneylerde kullanılan Beypazarı ve Tunçbilek linyitlerinin kısa analizi, kükürt içeriği, elementel analizi, maseral bileşimi ve ısı değeri Çizelge 4.1.'de verilmiştir. Kullanılan linyit örneklerinin nem, kül ve kükürt içerikleri birbirinden oldukça farklı olmasına rağmen elementel analizi ve petrografik bileşimleri birbirine yakındır. Her iki linyit de, özellikle karbon içerikleri bakımından büyük ölçüde birbirine benzemektedir.

Çizelge 4.1. Linyit numunelerinin analizi

	Beypazarı	Tunçbilek
Kısa Analiz (%hkt)		
Nem	13,00	2,88
Kül	25,55	49,69
Uçucu madde	29,19	24,85
Sabit karbon[a]	32,26	22,58
Kükürt dağılımı (%kt)		
S_{toplam}	4,59	1,98
S_{yanar}	3,52	1,37
Elementel Analiz (% kkt)		
C	69,56	69,89
H	4,50	5,14
N	1,25	2,82
S_{yanar}	4,72	2,72
O[a]	19,97	19,43
Maseral bileşimi (%hacim)		
Huminite	94,3	98,3
Liptinite	2,60	0,90
Inertinite	3,10	0,80
Alt ısıl değer (kcal/kg)	3878	3017

[a]: farktan

Isı enerjisi etkisiyle yapılan sıvılaştırma çalışmalarında katalizörün kullanım şekli sıvı ürün verimini ve ürün seçimliliğini etkilemektedir (Karaca *et al.* 2001). UV ışınları etkisiyle sıvılaştırma işleminde katalizör kullanım şeklinin sıvılaştırma prosesini nasıl etkilediğini saptamak üzere linyit örnekleri $ZnCl_2$ ile emdirilmiştir. $ZnCl_2$ ile emdirilmiş linyit numunelerinin kısa analizi Çizelge 4.2.' de verilmiştir.

Çizelge 4.2. $ZnCl_2$ ile emdirilmiş linyit numunelerinin kısa analizi

Kısa Analiz	(% hkt)		(% kt)	
	Beypazarı	Tunçbilek	Beypazarı	Tunçbilek
Nem	7,88	3,35	----	----
Kül	28,39	51,92	30,82	53,72
Uçucu madde	33,26	24,23	36,10	25,07
Sabit karbon[a]	30,47	20,50	33,08	21,21

[a]: farktan

Kömür sıvılaşma mekanizması, ısıl olarak oluşan serbest radikallerin hidrojenle stabilize edilmesi şeklinde tanımlanabilir. Sıvılaşma mekanizmasının serbest radikaller üzerinden yürüdüğü ve sıcaklık etkisi ile meydana gelen bu serbest radikallerin hidrojenle bağlanması ile kararlı hale geldikleri ilk kez Curran ve arkadaşları (1966, 1967) tarafından öne sürülmüştür. Serbest radikallerin sıvılaşma proseslerinde büyük rol oynadığına inanılmaktadır (Neaval 1976). Kömürün yapısında doğal olarak serbest radikaller bulunmaktadır. Kömür ısıtıldığında yapısında bulunan kovalent bağlar parçalanır ve yeni serbest radikaller oluşur. Sıvı ürünlere dönüşüm yüzdesi radikallerin ne ölçüde stabilize edildiğine bağlıdır. Eğer ortamdaki hidrojen yeterli ise sıvılaşma verimi yüksek olacak, ortamda yeterli hidrojen bulunmuyorsa radikaller tekrar polimerleşecek ve düşük sıvılaşma verimi elde edilecektir. Daha önceki çalışmalar, linyitlerin makromoleküler yapısının parçalanması ve sıvılaşma ürünlerinin yeniden birleşmesi reaksiyonlarının çok hızlı bir şekilde yürüdüğünü göstermiştir (Kamiya *et al.*1982). Bu nedenle, sıvılaştırma deneylerinde çözücü/kömür oranı, kömür partiküllerinden sıvılaştırma ürünlerinin ekstrakte edilmesinde ve serbest radikallerin kararlı hale gelmesinde oldukça önemlidir. Isı enerjisi etkisiyle yapılan bir çok sıvılaştırma çalışmalarında optimum çözücü/kömür oranı tespit edilmeye çalışılmıştır (Kamiya *et al.* 1982, Ceylan 1986, Martinez *et al.* 1988, Artok *et al.* 1994, Zhang *et al.* 1997, Karaca 1998). Söğüt (1992), UV ışınları etkisiyle linyitlerin sıvılaştırılması çalışmasında çözücü/linyit oranının etkisini incelenmiş ve 5/1 çözücü/linyit oranının uygun olduğunu belirtmiştir. Bu nedenle, bu çalışmada çözücü/kömür oranı 5/1 olarak sabit alınmış ve literatürde (Curtis *et al.* 1987, Pişkin 1988) kömür sıvılaşma reaksiyonlarında hem serbest radikal oluşumu hem de oluşan bu serbest radikallerin kararlı hale gelmesinde etkili olduğu ifade edilen tetralin çözücü olarak seçilmiştir.

Son yıllarda, yeni nesil sıvılaştırma proseslerinde, sadece kömürün distilatlara dönüştürülmesi değil; aynı zamanda, elde edilen ham ürünün, temiz yanan benzin, mazot gibi yakıtlar şeklinde iyileştirilmesi ve daha ucuz sıvı yakıtlar elde etmek amacıyla, özellikle yeni yöntem ve katalizör tipleri kullanılarak, ürün özelliklerinin geliştirilmesi amaçlanmaktadır. Yapılan bu çalışmada, geleneksel kömür sıvılaştırma çalışmalarındakinin aksine yüksek sıcaklık ve basınç gerektirmeyen yeni bir yöntemle Türk linyitlerinin ekonomik olarak sıvılaşma potansiyelleri incelenmiştir.

4.2. Sıvı Ürün ve Fraksiyonlara Dağılımının Işınlama Süresi ile Değişimi

Sabit ışın güçlerinde sıvı ürün ve fraksiyonlara dağılımının ışınlama süresi ile değişimleri katalizörsüz ortamda incelenmiştir. Beypazarı linyiti için; 0, 60, 120 ve 180 Watt ışın güçlerinde yapılan deneylerden elde edilen toplam sıvı ürün, yağ, asfalten (AS) ve preasfalten (PAS) verimleri sırası ile Çizelge 4.3.- 4.6.'de, grafiksel değişimleri ise Şekil 4.1.- 4.4.'de gösterilmiştir.

Beypazarı linyiti için karanlıkta gerçekleştirilen deneylerden elde edilen sıvı ürün verimlerinin ışınlama süresi ile değişimi incelenirse (Şekil 4.1.); toplam sıvı ve fraksiyon verimlerinin hiç değişmediği görülür. Kömür sıvılaşma ortamında kömür yapısında ve tetralinde radikal oluşmasını sağlayacak enerji olmadığından dolayı sıvı ürün verimlerinin süreyle değişiminin olması beklenemezdi. Beklenildiği gibi, kömür-tetralin karışımını ışınlama yapılmadan ne kadar etkileştirilirse etkileştirilsin sıvı ürünlere dönüşüm belli bir değerin üzerine çıkamamaktadır. Işınlamanın yapıldığı durumda 60 Watt ışın gücü için elde edilen sonuçlar incelenirse (Şekil 4.2.); toplam ve yağ verimi 2 günlük tepkime süresine kadar bir miktar artmış daha sonra biraz azalmış ve tepkime süresinin daha da artmasıyla toplam verim artma eğilimi göstermiş, yağ verimi ise azalmıştır. Buna karşın yağ veriminin azalmaya başladığı yerde AS'ler artış göstermiştir. Bu durum, tepkime süresinin artmasıyla yağ moleküllerinin kendi aralarında birleşerek daha yüksek moleküllü AS'leri oluşturması ile AS miktarlarının artmasına neden olması ile açıklanabilir. PAS verimi düşük olup süreyle miktarı değişmemiştir.

120 Watt ışın gücünde, ışınlama süresinin artışının sıvı ürün verimini daha fazla etkilediği gözlenmiştir (Şekil 4.3.). Toplam ve yağ verimi ışınlama süresinin artmasıyla artmış ve 10 günlük tepkime süresinde sırasıyla %26 ve %20 maksimum değerlere ulaşmıştır. AS verimi düşük tepkime süresinde bir miktar artış göstermekle beraber AS ve PAS verimlerinde önemli bir değişim gözlenmemiştir.

Çalışılan maksimum ışın gücü 180 Watt'da ışınlama süresinin etkisi daha etkin olarak görülmüştür. Sürenin artması toplam ve yağ verimlerini arttırmış olup 10 günlük tepkime süresi sonunda sırasıyla %33 ve %27 verim değerlerine ulaşılmıştır. AS ve PAS verimlerinde önemli değişiklikler kaydedilmemiştir. Elde edilen sonuçlardan Yürüm ve Yiğinsu (1982) ile Söğüt (1998)'ün çalışmalarında olduğu gibi sıvı ürünlere dağılımda yağlara dönüşümün belirgin olarak yüksek olduğu görülmüştür.

Çizelge 4.3. Karanlıkta Beypazarı linyitinden elde edilen toplam sıvı ürün ve fraksiyonlara dağılımının ışınlama süresi ile değişimi (ışın gücü: 0 Watt, çözücü/kömür: 5/1)

Işınlama süresi (gün)	Toplam sıvı ürün, % kkt	Yağlar, %kkt	Asfaltenler, %kkt	Preasfaltenler, %kkt
1	6,30	4,81	0,46	1,03
2	6,06	4,34	0,75	0,97
3	5,85	4,10	0,88	0,87
5	5,93	4,48	0,91	0,54
10	6,81	5,04	1,20	0,57

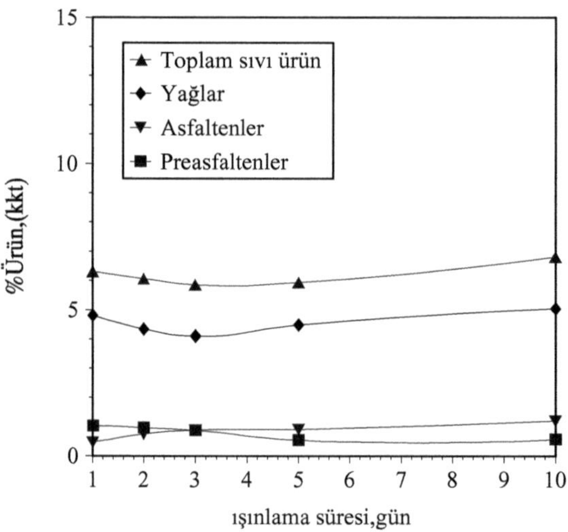

Şekil 4.1. Karanlıkta Beypazarı linyitinden elde edilen toplam sıvı ürün ve fraksiyonlara dağılımının ışınlama süresi ile değişimi (ışın gücü: 0 Watt, çözücü/kömür: 5/1)

Çizelge 4.4. Beypazarı linyitinden elde edilen toplam sıvı ürün ve fraksiyonlara dağılımının ışınlama süresi ile değişimi (ışın gücü: 60 Watt, çözücü/kömür: 5/1)

Işınlama süresi (gün)	Toplam sıvı ürün, % kkt	Yağlar, %kkt	Asfaltenler, %kkt	Preasfaltenler, %kkt
1	15,79	13,53	1,88	0,38
2	19,85	15,98	2,77	1,10
3	18,88	15,36	2,91	0,61
5	18,75	15,47	2,80	0,48
10	21,12	13,60	6,26	1,26

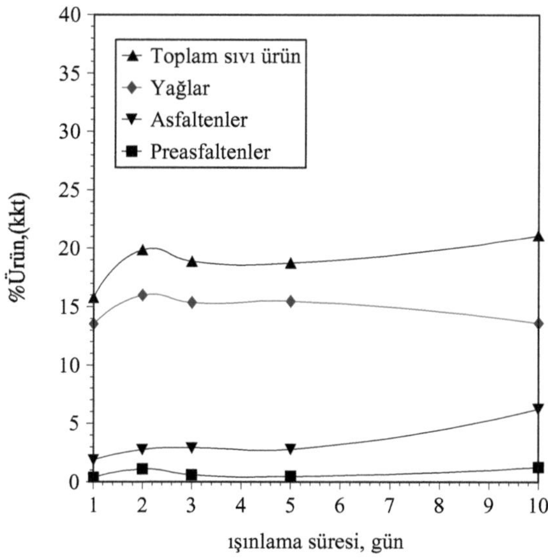

Şekil 4.2. Beypazarı linyitinden elde edilen toplam sıvı ürün ve fraksiyonlara dağılımının ışınlama süresi ile değişimi (ışın gücü: 60 Watt, çözücü/kömür: 5/1)

Çizelge 4.5. Beypazarı linyitinden elde edilen toplam sıvı ürün ve fraksiyonlara dağılımının ışınlama süresi ile değişimi (ışın gücü: 120 Watt, çözücü/kömür: 5/1)

Işınlama süresi (gün)	Toplam sıvı ürün, % kkt	Yağlar, %kkt	Asfaltenler, %kkt	Preasfaltenler, %kkt
1	16,31	13,58	2,33	0,40
2	20,37	15,75	3,82	0,80
3	18,82	14,41	3,25	1,16
5	20,95	17,03	2,05	1,87
10	26,74	20,91	3,82	2,01

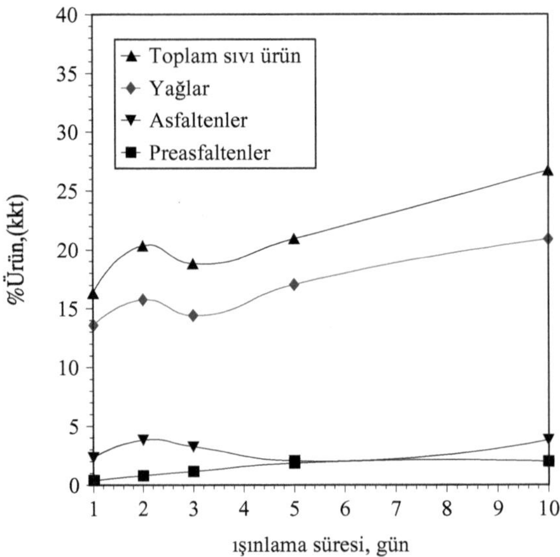

Şekil 4.3. Beypazarı linyitinden elde edilen toplam sıvı ürün ve fraksiyonlara dağılımının ışınlama süresi ile değişimi (ışın gücü:120 Watt, çözücü/kömür: 5/1)

Çizelge 4.6. Beypazarı linyitinden elde edilen toplam sıvı ürün ve fraksiyonlara dağılımının ışınlama süresi ile değişimi (ışın gücü: 180 Watt, çözücü/kömür: 5/1)

Işınlama süresi (gün)	Toplam sıvı ürün, % kkt	Yağlar, %kkt	Asfaltenler, %kkt	Preasfaltenler, %kkt
1	17,39	13,49	3,10	0,80
2	20,57	18,36	1,81	0,40
3	21,24	17,72	2,38	1,14
5	21,74	19,23	2,09	0,42
10	32,99	27,53	2,70	2,76

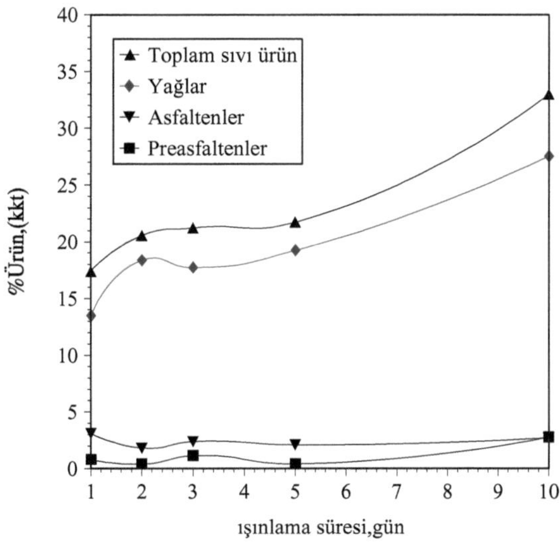

Şekil 4.4. Beypazarı linyitinden elde edilen toplam sıvı ürün ve fraksiyonlara dağılımının ışınlama süresi ile değişimi (ışın gücü:180 Watt, çözücü/kömür: 5/1)

Tunçbilek linyiti için; 0, 60, 120 ve 180 Watt sabit ışın güçlerinde yapılan deneylerden elde edilen toplam sıvı ürün, yağ, asfalten ve preasfalten verimleri sırası ile Çizelge 4.7. - 4.10.'da, grafiksel değişimleri ise Şekil 4.5. - 4.8.'de gösterilmiştir. Karanlıkta, Tunçbilek linyitinin çönürlüğünün Beypazarı linyitinde olduğu gibi süre ile değişmediği görülmüştür (Şekil 4.5.). Işınlamanın yapıldığı durumda çözünürlük önemli derecede artış göstermiş olup ışın gücünün artmasıyla ışınlama süresinin etkisi daha belirginleşmiştir. Bu durum, UV ışınlarının kömür sıvılaştırmasında etkin bir enerji kaynağı olduğunun göstergesidir. Söğüt (1992), Muğla-Yatağan ve Tunçbilek linyitlerinin tetralinde çözünürleştirilmesinde UV ışınlarının etkili olup olmadığını araştırmak amacıyla yaptığı çalışmada linyit numunelerini değişik koşullarda civa buharlı lamba (UV ışın kaynağı), normal ampul ve güneş ışığı altında çözünürleştirmiştir. Çözünürleştirmede en iyi sonuçlar UV ışınları ve güneş ışığı etkisi altında yapılan deneylerde elde edilmiştir. Hem güneş ışığı hem de UV ışınları etkisi altında tepkime süresi artıkça sıvı ürün veriminin artığı ancak uzun tepkime sürelerinde sıvı ürün verimlerinin azaldığını tesbit etmiştir.

Doetschman *et al.* (1992), karanlıkta ve UV ışınları etkisiyle kömürlerin THF ile ekstrasiyonunda UV ışınları etkisiyle elde edilen ekstrak miktarının karanlıktaki ekstrak miktarından 5 kat daha fazla olduğunu belirtmiştir.

Bu çalışmada Tunçbilek linyiti için bulunan toplam ve yağ verimleri genel olarak 3 günlük tepkime süresinde bir maksimumdan geçtikten sonra uzun tepkime sürelerinde azalmıştır. Söğüt (1992)'ün çalışmasında da aynı linyit için benzer davranış gözlenmiştir. Uzun tepkime süresinde çözünürlüğün azalması, çözücüden linyite ve linyit ürünlerine yeterince hidrojen aktarılamadığını, dolayısıyla UV ışınlarının etkisiyle linyitte meydana gelen radikallerin tekrar birleşerek polimerleşmesinin bir sonucu olabilir (Neavel 1976). Tunçbilek linyitinde maksimum sıvı ürün dönüşümüne %46,64 olarak 180 Watt ışın gücünde ve 3 günlük tepkime süresinde ulaşılmıştır. Her bir durumda AS ve PAS verimlerinde önemli değişimler gözlenmemiştir.

Çizelge 4.7. Karanlıkta Tunçbilek linyitinden elde edilen toplam sıvı ürün ve fraksiyonlara dağılımının ışınlama süresi ile değişimi (ışın gücü: 0 Watt, çözücü/kömür: 5/1)

Işınlama süresi (gün)	Toplam sıvı ürün, % kkt	Yağlar, %kkt	Asfaltenler, %kkt	Preasfaltenler, %kkt
1	19,69	15,35	2,04	2,30
2	18,66	14,62	2,29	1,75
3	17,34	13,28	1,81	2,25
5	19,58	14,16	2,69	2,73
10	17,8	13,71	1,85	2,24

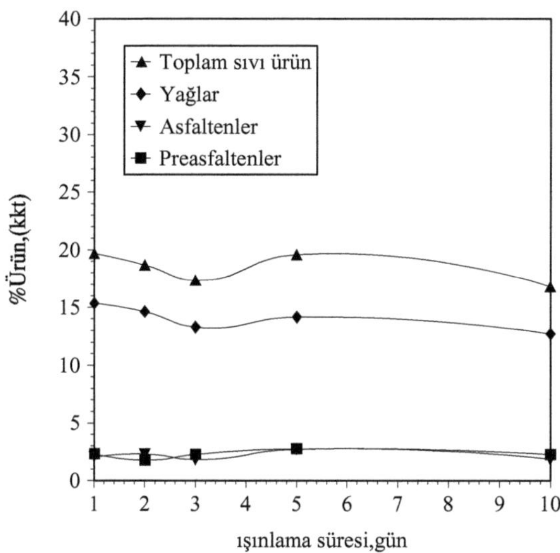

Şekil 4.5. Karanlıkta Tunçbilek linyitinden elde edilen toplam sıvı ürün ve fraksiyonlara dağılımının ışınlama süresi ile değişimi (ışın gücü: 0 Watt, çözücü/kömür: 5/1)

Çizelge 4.8. Tunçbilek linyitinden elde edilen toplam sıvı ürün ve fraksiyonlara dağılımının ışınlama süresi ile değişimi (ışın gücü: 60 Watt, çözücü/kömür: 5/1)

Işınlama süresi (gün)	Toplam sıvı ürün, % kkt	Yağlar, %kkt	Asfaltenler, %kkt	Preasfaltenler, %kkt
1	24,85	18,50	4,21	2,14
2	30,27	21,92	5,40	2,95
3	34,6	22,44	6,60	5,56
5	36,29	25,87	6,27	4,15
10	32,79	22,01	7,22	3,56

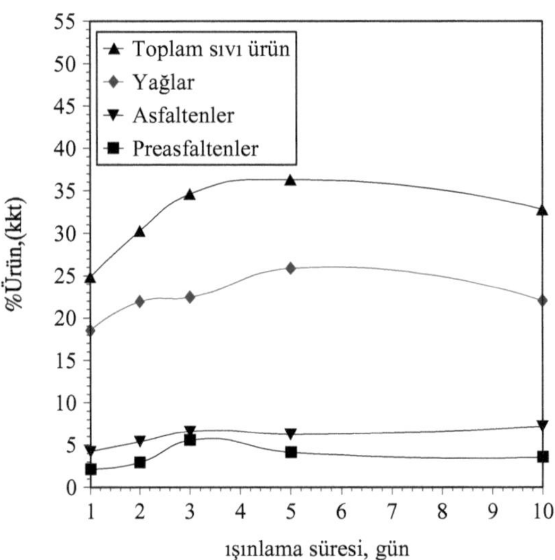

Şekil 4.6. Tunçbilek linyitinden elde edilen toplam sıvı ürün ve fraksiyonlara dağılımının ışınlama süresi ile değişimi (ışın gücü: 60 Watt, çözücü/kömür: 5/1)

Çizelge 4.9. Tunçbilek linyitinden elde edilen toplam sıvı ürün ve fraksiyonlara Dağılımının ışınlama süresi ile değişimi (ışın gücü: 120 Watt, çözücü/kömür: 5/1)

Işınlama süresi (gün)	Toplam sıvı ürün, % kkt	Yağlar, %kkt	Asfaltenler, %kkt	Preasfaltenler, %kkt
1	25,54	18,87	3,94	2,73
2	37,44	26,79	6,31	4,34
3	41,13	28,62	7,01	5,50
5	42,59	30,63	7,23	4,73
10	34,81	22,89	8,67	3,25

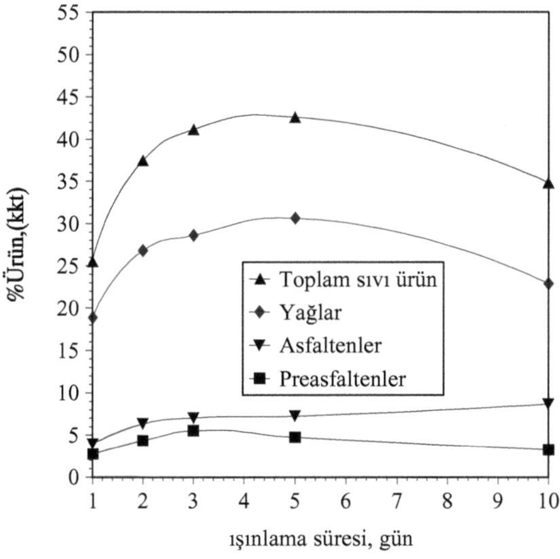

Şekil 4.7. Tunçbilek linyitinden elde edilen toplam sıvı ürün ve fraksiyonlara dağılımının ışınlama süresi ile değişimi (ışın gücü: 120 Watt, çözücü/kömür: 5/1)

Çizelge 4.10. Tunçbilek linyitinden elde edilen toplam sıvı ürün ve fraksiyonlara dağılımının ışınlama süresi ile değişimi (ışın gücü: 180 Watt, çözücü/kömür: 5/1)

Işınlama süresi (gün)	Toplam sıvı ürün, % kkt	Yağlar, %kkt	Asfaltenler, %kkt	Preasfaltenler, %kkt
1	27,53	20,64	3,15	3,74
2	44,59	31,72	6,87	6,00
3	46,64	34,56	7,36	4,72
5	46,42	37,20	5,43	3,79
10	37,50	27,70	5,98	3,82

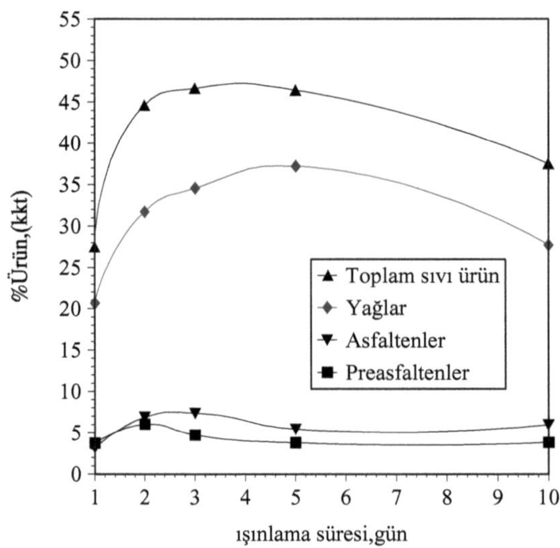

Şekil 4.8. Tunçbilek linyitinden elde edilen toplam sıvı ürün ve fraksiyonlara dağılımının ışınlama süresi ile değişimi (ışın gücü: 180 Watt, çözücü/kömür: 5/1)

Linyitlerin sıvılaşma yatkınlığı incelendiğinde, birbirlerinden farklı sıvılaşma mekanizmasına sahip oldukları görülür. Beypazarı linyitinde çözünürlük ışınlama süresiyle sürekli bir artış gösterirken, Tunçbilek linyitinde bir maksimumdan geçtikten sonra azalmıştır. Linyitlerin mineral madde içeriklerinin farklı olması linyitlerin farklı sıvılaşma davranışı göstermesine sebep olan en önemli faktördür. Zira gerek model bileşiklerle ve gerekse çeşitli çalışmalar göstermiştir ki, kömürde bulunan mineral maddeler özellikle de pirit kömürün sıvılaşma tepkimelerinde etkin katalitik rol oynamaktadır (Cassidy *et al.* 1982, Baldwin ve Vinciquerra 1983). Nitekim, bu çalışmadaki Tunçbilek linyitinin kül içeriği Beypazarı linyitininkinin 2 katıdır. Petrografik ve elementel bileşimleri birbirine yakın olmasına karşın kül içeriklerinin birbirinden çok farklı olması linyitlerin farklı sıvılaşma davranışı göstermesine ve yüksek kül içerikli Tunçbilek linyitinde düşük tepkime sürelerinde daha yüksek sıvı ürün veriminin elde edilmesine neden olmuştur. Aynı linyitlerin, ısı enerjisi etkisiyle sıvılaştırılması işleminde her iki linyit içinde aynı sıvı ürün verimlerinin elde edilmesi ve sıvılaşma davranışları arasındaki küçük farklılıklar linyitlerin inherent mineral maddesinin katalitik etkisine ve elementel bileşimlerindeki farklılıklara bağlanmıştır (Ceylan ve Olcay 1992). Söğüt ve Olcay (1998), aynı linyitlerin fotokimyasal çözünme davranışının ısıl çözünme davranışından farklı olduğunu belirtmiştir. Bu çalışmadan elde edilen sonuçlar bu düşünce ile uyum içerisindedir. Linyitlerin ısıl ve fotokimyasal sıvılaşma davranışlarının farklı olmasının nedeni; ısıl ve UV ışınları etkisiyle sıvılaşma deneylerinde mineral maddelerin ve kükürtlü bileşiklerin farklı katalitik etkilere sahip olabilecekleri ile açıklanabilir.

Türk kömürlerinin mikrodalga enerjiyle tetralindaki hidrojenasyonunun incelendiği çalışmada, Beypazarı ve Tunçbilek linyitlerinin çözünürlüğü tepkime süresi ve çözücü/kömür oranlarının artması ile artmıştır (Şimşek 1997). Mikrodalga enerji ile maksimum dönüşüm Beypazarı linyiti için %23, Tunçbilek linyiti için %20 olarak 8/1 çözücü/kömür oranında ve 10 dakika tepkime süresinde ulaşılmıştır. Isı enerjisi ile sıvılaştırmada sıvı ürün dağılımında AS ve PAS'lar büyük çoğunluğu oluştururken (Ceylan ve Olcay 1992) mikrodalga enerji ile yağlara dönüşümün daha yüksek olduğu gözlenmiştir.

4.3. Katalizörlü Ortamda Sıvı Ürün ve Fraksiyonlara Dağılımının Işınlama Süresi ile Değişimi

Ekonomik, çevreye zarar vermeyen etkili katalizörlerin geliştirilmesi, doğrudan kömür sıvılaştırma proseslerinde çok önemlidir. Bağların kırılması ile oluşan moleküllerin kararlılığı, hidrojen aktarımının sağlanması ve polimerizasyon tepkimelerinin önlenmesi, katalizör kullanımı ile sağlanabilir. Son yıllarda, kömür sıvılaştırma proseslerini düşük basınç ve sıcaklıkta gerçekleştirmek amacıyla, uygun katalizörlerin geliştirilmesi çalışmaları sürdürülmektedir. Kimyasal bağların düşük sıcaklıklarda kırılabilmesi amacıyla, süperasit gibi çeşitli süperaktif katalizörlerin geliştirilmesine çalışılmaktadır (Zmierczak *et al.* 1993). Bu çalışmalarda, süperasit katalizörler kullanılarak, hem model bileşiklerde hem de kömürde, bağ kırılmaları incelenmiştir. Fe içeren ve çok iyi bir şekilde dağılmış olan katalizörlerle oldukça başarılı sonuçlar alınmıştır (Zmierczak *et al.* 1993).

Katalizör tipi ve kullanım şekli, sıvı ürün verimini ve yağ oluşumunu önemli ölçüde etkilemektedir. Genellikle $Fe(CO)_5$, $FeSO_4$, MoS_3, $Mo(CO)_6$, FeS_2, Fe_2O_3, Al_2O_3 metal bileşikleri katalizör olarak kullanılmaktadır. Yapılan araştırmalar, bu bileşikler arasında $Fe(CO)_5$, $Mo(CO)_6$, FeS_2, Fe_2O_3'ın daha iyi sonuç verdiğini göstermiştir (Artok *et al.* 1992, Wang *et al.* 1992, Karaca *et al.* 2001). Katalizörün, kömür partikülleri üzerine emdirildiği durumda sıvı ürün verimi ve özellikle yağlara dönüşüm fiziksel karıştırma kullanım şekline göre daha etkili olduğu saptanmıştır (Derbyshire ve Hager 1994, Zhang *et al.*1997, Karaca *et al.* 2001).

Isı enerjisi etkisiyle sıvılaştırma işlemlerinde uygun katalizörlerin bulunması amacıyla uzun yıllar boyunca çeşitli araştırmalar yapılmasına karşın UV ışınları etkisiyle kömürlerin sıvılaştırılmasında katalizörlerin etkisi şimdiye kadar incelenmemiştir. Bu nedenle, bu çalışmada UV ışınları etkisiyle kömürlerin sıvılaştırılmasında katalizörün etkisinin incelenmesine gerek duyulmuştur. Bu amaçla, fotokimyasal prosesde ışının etkisini artırmada etkinliği saptanmış olan TiO_2 ve ZnO yarı iletken oksitler katalizör olarak seçilerek kömür-tetralin ortamına fiziksel karıştırma suretiyle ilave edilmiştir.

Ayrıca, $ZnCl_2$ kömür partikülleri üzerine emdirilerek sıvı ürün ve fraksiyon verimleri üzerine etkisi saptanmıştır. Yapılan ön deneyler sonucunda, katalizör derişimi artıkça sıvı ürün verimlerinin azaldığı saptanmıştır. Bundan dolayı, deneyler %5 (ağ.) katalizör derişiminde, 180 Watt sabit ışın gücünde, 1-10 gün tepkime süresi aralığında gerçekleştirilmiştir.

Elde edilen sonuçlar Beypazarı linyiti için Çizelge 4.11.- 4.13.'de, grafiksel değişimleri ise Şekil 4.9.- 4.11.'de gösterilmiştir. Karanlıkta, katalizörsüz ve her bir katalizör tipindeki toplam sıvı ürün verimleri Çizelge 4.14.'de karşılaştırılmış, grafiksel değişimleri ise Şekil 4.12.'de verilmiştir.

TiO_2 kullanıldığı durumda toplam sıvı ve yağ verimlerinde 5 günlük tepkime süresine kadar artma ve azalmaların meydana geldiği daha sonra ise sürekli bir artışın olduğu gözlenmiştir (Şekil 4.11). AS ve PAS verimleri düşük değerlerde olup süreyle değişimleri önemsizdir.

ZnO fotokatalizör ortamındaki sıvı ürün verimlerindeki değişim TiO_2'ye göre daha kararlıdır (Şekil 4.12). Toplam sıvı ve yağ verimleri sürenin artmasıyla artmıştır. Bu artış 5 günlük tepkime süresine kadar fazla, 5 günlük tepkime süresinden sonra ise daha azdır. AS ve PAS verimleri ise 3 günlük tepkime süresine kadar bir miktar artmış daha sonra biraz azalmış ve daha sonra sabit kalmıştır.

$ZnCl_2$'nin kömür partiküllerine emdirildiği durumda (Şekil 4.13) toplam sıvı ve yağ veriminde artma azalmalar meydana gelmiş olup toplam sıvı ve yağ verimi 5 günlük tepkime süresinde bir maksimumdan geçtikten sonra uzun tepkime süresinde (10 gün) önemli derecede düşüş göstermiştir. AS ve PAS verimleri ise düşük olup süre ile değişimleri önemsizdir.

Çizelge 4.11. TiO_2 fotokatalizör ortamında Beypazarı linyitinden elde edilen toplam sıvı ürün ve fraksiyonlara dağılımının ışınlama süresi ile değişimi (ışın gücü: 180 Watt, çözücü/kömür: 5/1, katalizör derişimi : %5(ağ.))

Işınlama süresi (gün)	Toplam sıvı ürün, % kkt	Yağlar, %kkt	Asfaltenler, %kkt	Preasfaltenler, %kkt
1	20,38	17,36	2,38	0,64
2	18,50	15,16	2,66	0,68
3	23,13	19,92	2,20	1,01
5	17,41	15,78	1,11	0,52
10	29,99	24,17	3,15	2,67

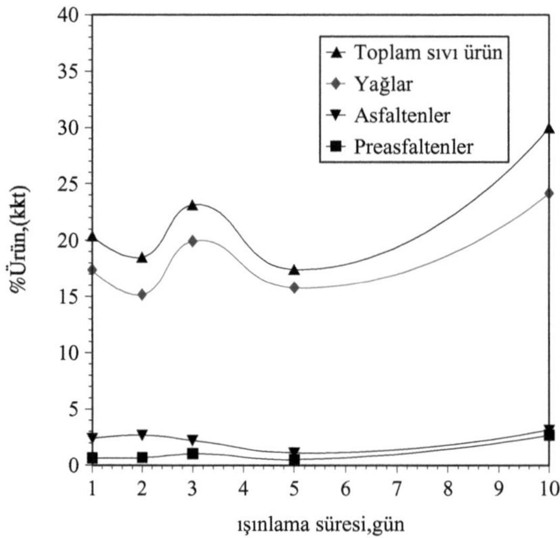

Şekil 4.9. TiO_2 fotokatalizör ortamında Beypazarı linyitinden elde edilen toplam sıvı ürün ve fraksiyonlara dağılımının ışınlama süresi ile değişimi (ışın gücü: 180 Watt, çözücü/kömür: 5/1, katalizör derişimi : %5(ağ.))

Çizelge 4.12. ZnO fotokatalizör ortamında Beypazarı linyitinden elde edilen toplam sıvı ürün ve fraksiyonlara dağılımının ışınlama süresi ile değişimi (ışın gücü: 180 Watt, çözücü/kömür: 5/1, katalizör derişimi : %5(ağ.))

Işınlama süresi (gün)	Toplam sıvı ürün, % kkt	Yağlar, %kkt	Asfaltenler, %kkt	Preasfaltenler, %kkt
1	13,87	12,15	1,46	0,26
2	17,72	14,52	2,83	0,37
3	21,63	16,71	2,91	2,01
5	25,31	23,78	1,27	0,26
10	27,98	26,12	1,50	0,36

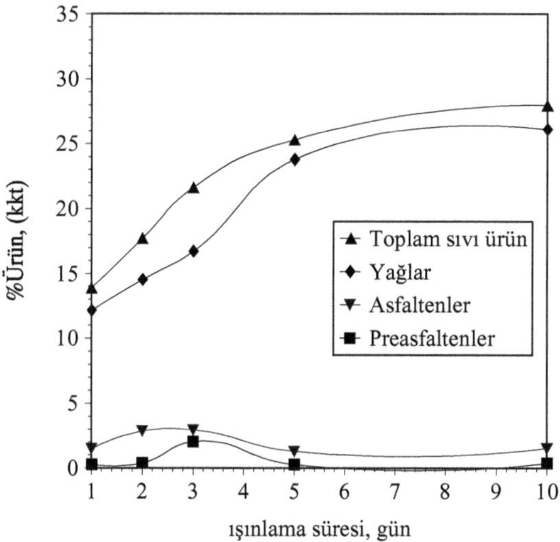

Şekil 4.10. ZnO fotokatalizör ortamında Beypazarı linyitinden elde edilen toplam sıvı ürün ve fraksiyonlara dağılımının ışınlama süresi ile değişimi (ışın gücü: 180 Watt, çözücü/kömür: 5/1, katalizör derişimi : %5(ağ.))

Çizelge 4.13. $ZnCl_2$ ile emdirilmiş Beypazarı linyitinden elde edilen toplam sıvı ürün ve fraksiyonlara dağılımının ışınlama süresi ile değişimi (ışın gücü: 180 Watt, çözücü/kömür: 5/1, katalizör derişimi : %5(ağ.))

Işınlama süresi (gün)	Toplam sıvı ürün, % kkt	Yağlar, %kkt	Asfaltenler, %kkt	Preasfaltenler, %kkt
1	15,99	13,37	1,76	0,86
2	20,52	15,92	3,52	1,08
3	18,27	14,65	2,31	1,31
5	33,25	28,99	2,84	1,42
10	20,34	16,67	2,71	0,96

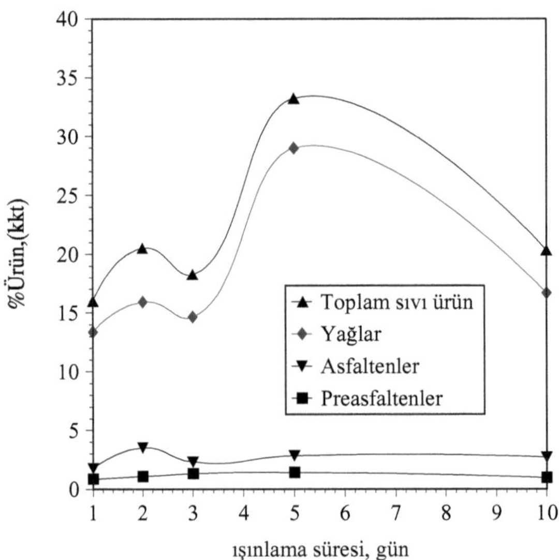

Şekil 4.11. $ZnCl_2$ ile emdirilmiş Beypazarı linyitinden elde edilen toplam sıvı ürün ve fraksiyonlara dağılımının ışınlama süresi ile değişimi (ışın gücü: 180 Watt, çözücü/kömür: 5/1, katalizör derişimi : %5(ağ.))

Çizelge 4.14. Beypazarı linyitinden elde edilen toplam sıvı ürün verimine UV ışın enerjisinin, katalizör tipinin ve ışınlama süresinin etkisi (ışın gücü: 180 Watt, çözücü/kömür: 5/1, katalizör derişimi : %5(ağ.))

Işınlama süresi (gün)	Karanlıkta	UV	TiO_2 / UV	ZnO/UV	$ZnCl_2$/UV
1	6,3	17,39	20,38	13,87	15,99
2	6,06	20,57	18,5	17,72	20,52
3	5,85	21,24	23,13	21,63	18,27
5	5,93	21,74	17,41	25,31	33,25
10	6,81	32,99	29,99	27,98	20,34

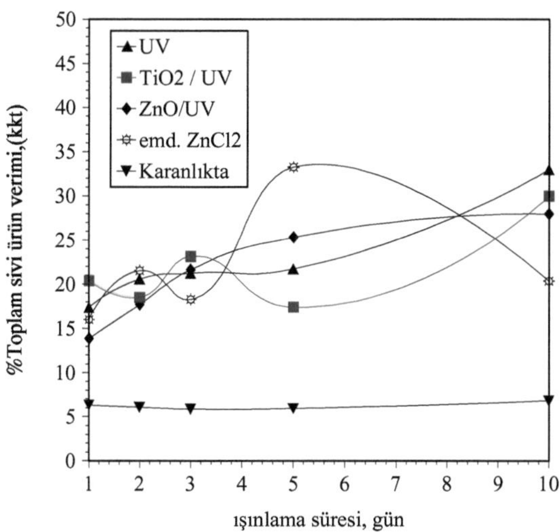

Şekil 4.12. Beypazarı linyitinden elde edilen toplam sıvı ürün verimine UV ışın enerjisinin, katalizör tipinin ve ışınlama süresinin etkisi (ışın gücü: 180 Watt, çözücü/kömür: 5/1, katalizör derişimi : %5(ağ.))

Karanlıkta, katalizörsüz, TiO_2, ZnO ile ve emdirilmiş $ZnCl_2$ varlığında Beypazarı linyitinden elde edilen toplam sıvı verimleri (Şekil 4.12.) incelendiğinde UV ışın enerjisinin kömür sıvılaşma prosesinde oldukça etkin bir enerji kaynağı olduğu dikkat çekmektedir. Işınlamanın yapılmadığı durumda %6 sıvı ürün verimi elde edilirken ışınlamanın yapıldığı durumda emdirilmiş $ZnCl_2$ varlığında 5 günlük tepkime süresinde %33 maksimum sıvı ürün verimine ulaşılmıştır. Her bir durumdaki sıvı ürün oluşum mekanizmasının birbirinden farklı olduğu görülmüştür. Özellikle, TiO_2 ve emdirilmiş $ZnCl_2$ varlığında, ilk 5 gün içerisinde çözünürlükte artma ve azalmalar gözlenmiştir. Uzun tepkime sürelerinde katalizörsüz, TiO_2 ve ZnO varlığındaki verim değerleri artarken emdirilmiş $ZnCl_2$ varlığındaki verim azalmıştır. Sonuç olarak, sıvı ürün oluşum mekanizması katalizör tipine ve ışınlama süresine göre farklılıklar göstermiştir.

Işınlamanın yapıldığı durumda çözünürlükte artma ve azalmaların meydana gelmesi makromoleküller yapının parçalanması veya çapraz bağlanmasının ya da çözücü ile kömür sıvı ürünlerinin kendi aralarında veya birbirleriyle birleşerek daha büyük moleküllü ürünleri oluşturmasının sonucu olabilir. Nitekim, kömürlerin çözünürlüğü üzerine γ-ışınlarının etkisinin incelendiği çalışmada kömür çözünürlüğünde gözlenen artma ve azalmaların kömür makromoleküler yapısındaki poliaromatik grupların çapraz bağlanması veya parçalanmasının sonucu olduğu belirtilmiştir (Ram *et al.* 1997). Ayrıca, X-ışınları etkisiyle kömür sıvılarından daha küçük moleküllü ürünlerin elde edilmesi (upgrading) çalışmalarında kömür sıvılarının, ışın etkisiyle küçük moleküllü ürünlere parçalandığı gibi parçalanmış olan moleküllerin veya kömür sıvılarının birbirleriyle de bağlanabildiği ve bunun sonucu da depolimerizasyon ve polimerizasyon reaksiyonların bir arada yürüdüğü ifade edilmiştir (Lanças 1990, Lanças *et al.* 1992).

Tunçbilek linyitinin, TiO_2, ZnO ve emdirilmiş $ZnCl_2$ varlığındaki toplam sıvı ürün ve fraksiyonların dağılımlarının ışınlama süresi ile değişimleri sırasıyla Çizelge 4.15., Çizelge 4.16., Çizelge 4.17.'de, grafiksel değişimleri ise sırasıyla Şekil 4.13., Şekil 4.14., Şekil 4.15.'de gösterilmiştir. Karanlıkta, katalizörsüz, TiO_2, ZnO ve emdirilmiş $ZnCl_2$ varlığındaki toplam sıvı ürün verimleri Çizelge 4.18.'de karşılaştırılmış, grafiksel değişimleri ise Şekil 4.16.'da verilmiştir.

Çizelge 4.15. TiO_2 fotokatalizör ortamında Tunçbilek linyitinden elde edilen toplam sıvı ürün ve fraksiyonlara dağılımının ışınlama süresi ile değişimi (ışın gücü: 180 Watt, çözücü/kömür: 5/1, katalizör derişimi : %5(ağ.))

Işınlama süresi (gün)	Toplam sıvı ürün, % kkt	Yağlar, %kkt	Asfaltenler, %kkt	Preasfaltenler, %kkt
1	25,34	17,47	4,51	3,36
2	29,32	22,58	3,32	3,42
3	31,51	24,31	3,61	3,59
5	43,25	33,14	6,10	4,01
10	35,76	26,65	5,48	3,63

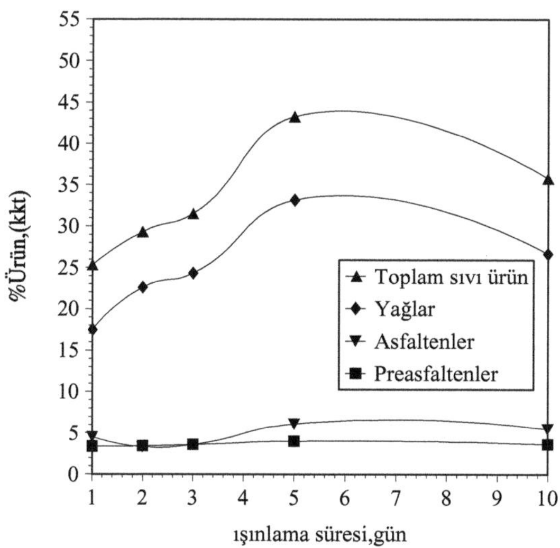

Şekil 4.13. TiO_2 fotokatalizör ortamında Tunçbilek linyitinden elde edilen toplam sıvı ürün ve fraksiyonlara dağılımının ışınlama süresi ile değişimi (ışın gücü: 180 Watt, çözücü/kömür: 5/1, katalizör derişimi : %5(ağ.))

Çizelge 4.16. ZnO fotokatalizör ortamında Tunçbilek linyitinden elde edilen toplam sıvı ürün ve fraksiyonlara dağılımının ışınlama süresi ile değişimi (ışın gücü: 180 Watt, çözücü/kömür: 5/1, katalizör derişimi : %5(ağ.))

Işınlama süresi (gün)	Toplam sıvı ürün, % kkt	Yağlar, %kkt	Asfaltenler, %kkt	Preasfaltenler, %kkt
1	26,67	19,12	5,16	2,39
2	33,38	26,56	4,57	2,25
3	40,31	33,35	4,23	2,73
5	40,94	32,99	4,90	3,05
10	41,2	31,9	6,04	3,26

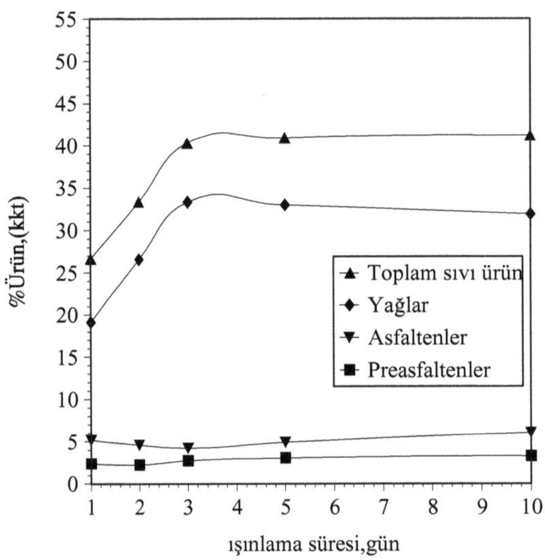

Şekil 4.14. ZnO fotokatalizör ortamında Tunçbilek linyitinden elde edilen toplam sıvı ürün ve fraksiyonlara dağılımının ışınlama süresi ile değişimi (ışın gücü: 180 Watt, çözücü/kömür: 5/1, katalizör derişimi : %5(ağ.))

Çizelge 4.17. $ZnCl_2$ ile emdirilmiş Tunçbilek linyitinden elde edilen toplam sıvı ürün Ve fraksiyonlara dağılımının ışınlama süresi ile değişimi (ışın gücü: 180 Watt, çözücü/kömür: 5/1, katalizör derişimi : %5(ağ.))

Işınlama süresi (gün)	Toplam sıvı ürün, % kkt	Yağlar, %kkt	Asfaltenler, %kkt	Preasfaltenler, %kkt
1	34,66	21,60	5,45	7,61
2	28,63	17,28	3,72	7,63
3	30,96	19,86	3,83	7,27
5	45,23	33,27	4,40	7,56
10	30,92	19,43	4,46	7,03

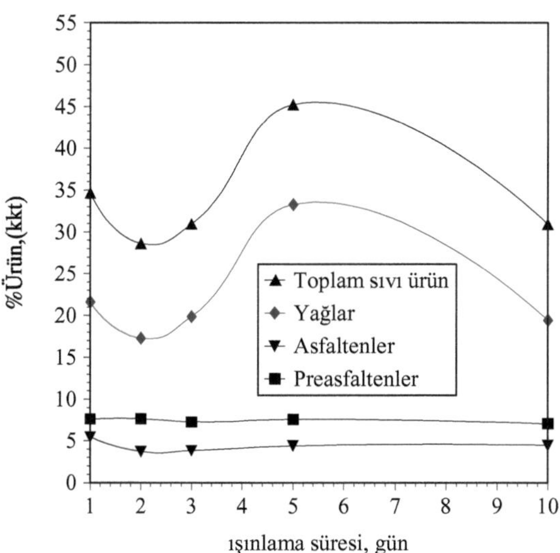

Şekil 4.15. $ZnCl_2$ ile emdirilmiş Tunçbilek linyitinden elde edilen toplam sıvı ürün ve fraksiyonlara dağılımının ışınlama süresi ile değişimi (ışın gücü: 180 Watt, çözücü/kömür: 5/1, katalizör derişimi : %5(ağ.))

Çizelge 4.18. Tunçbilek linyitinden elde edilen toplam sıvı ürün verimine UV ışın enerjisinin, katalizör tipinin ve ışınlama süresinin etkisi (ışın gücü: 180 Watt, çözücü/kömür: 5/1, katalizör derişimi : %5(ağ.))

Işınlama süresi (gün)	Karanlıkta	UV	TiO_2 / UV	ZnO/UV	$ZnCl_2$/UV
1	20,19	27,53	25,34	26,67	34,66
2	18,66	44,59	29,32	33,38	28,63
3	17,34	46,64	31,51	40,31	30,96
5	19,58	46,22	43,25	40,94	45,23
10	15,50	38,10	35,76	41,20	30,92

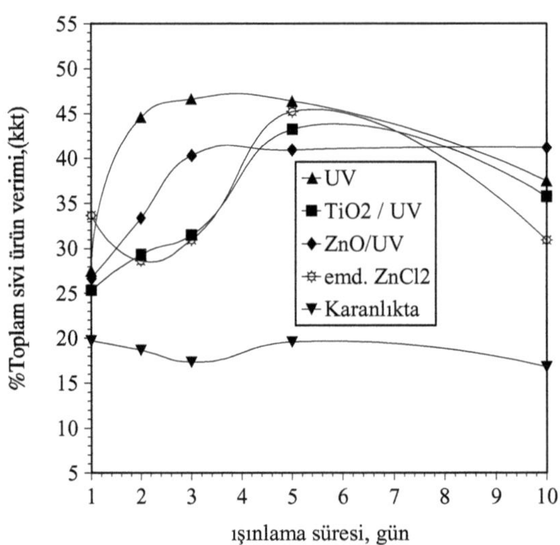

Şekil 4.16. Tunçbilek linyitinden elde edilen toplam sıvı ürün verimine UV ışın enerjisinin, katalizör tipinin ve ışınlama süresinin etkisi (ışın gücü: 180 Watt, çözücü/kömür: 5/1, katalizör derişimi : %5(ağ.))

TiO_2 fotokatalizör varlığında toplam sıvı ve yağ verimleri 5 günlük tepkime süresine kadar artmış daha sonra azalmıştır (Şekil 4.13.). AS ve PAS verimlerinde önemli değişiklikler gözlenmemiştir. ZnO fotokatalizör varlığında ise 3 günlük tepkime süresine kadar toplam sıvı ve yağ verimleri artmış daha sonra sabit kalmıştır (Şekil 4.14.). Yine, AS ve PAS verimleri, diğer koşullardaki gibi miktarları düşük ve süre ile değişimleri önemsizdir. Emdirilmiş $ZnCl_2$ varlığında toplam sıvı ve yağ verimleri 2 günlük tepkime süresinde minimumdan, 5 günlük tepkime süresinde bir maksimumdan geçmiştir (Şekil 4.15). AS ve PAS verimleri sabit kalmıştır. Hem Beypazarı linyitinde hem de Tunçbilek linyitinde toplam sıvı ve yağ dönüşümleri benzer davranış göstermiştir.

Katalizörsüz, TiO_2, ZnO ve emdirilmiş $ZnCl_2$ varlığında Tunçbilek linyitinden elde edilen toplam sıvı verimlerinin karşılaştırıldığı Şekil 4.16. incelenirse; düşük tepkime sürelerinde emdirilmiş $ZnCl_2$ varlığındaki sıvı ürün oluşum mekanizmasının katalizörsüz, TiO_2 ve ZnO varlığındaki sıvı ürün oluşum mekanizmalarından farklı olduğu, uzun tepkime sürelerinde ise benzer sıvılaşma davranışına neden olduğu görülür. Beypazarı linyitindeki gibi ışınlamanın yapılmadığı durumda çözünürlük hiç değişmemiştir. Işınlamanın yapıldığı durumda ise farklı oranlarda olmak üzere çözünürlük artmıştır. Buradan, Beypazarı linyitindeki gibi ışın enerjisinin kömür çözünürlüğünde etkin bir enerji kaynağı olduğu görülmüştür. Işınlamanın yapılmadığı durumda %20 sıvı ürün verimi elde edilirken ışınlamanın yapıldığı durumda 2 günlük tepkime süresinde %45 sıvı ürün verimine ulaşılmıştır.

Katalizör kullanımı, 1 günlük tepkime süresinde çözünürlüğü etkilemezken, tepkime süresi artıkça sıvı ürün veriminin azalmasına neden olmuştur. Maksimum sıvı ürün verimine katalizörsüz > emd. $ZnCl_2$ > TiO_2 > ZnO sırasında ulaşılmıştır. Katalizörler, tepkime süresinin artışı ile çözünürlüğü azaltıcı yönde etki etmiştir. Sonuç olarak, sıvı ürün oluşum mekanizması katalizör tipine ve ışınlama süresine göre değişiklik göstermiş olup maksimum dönüşüme en kısa sürede katalizörsüz durumda ulaşılmıştır. Buradan, genel olarak katalizörün dönüşümü azaltıcı yönde etki ettiği sonucuna ulaşılmıştır.

Deneysel çalışmalar sırasında fotokatalizörlerin ve özellikle TiO_2'nin kuvars reaktörün iç yüzeyini ince film halinde kapladığı gözlenmiştir. Reaktör yüzeyinin fotokatalizörle kaplanması kömür-ışın etkileşimini engellemiş olabilir. Bunun neticesi olarak, fotokatalizörün kullanıldığı durumdaki sıvı verimleri düşük çıkmış olabilir. Katalizörsüz durumda, kömür-ışın etkileşiminin daha iyi olması daha yüksek sıvı veriminin elde edilmesine neden olmuş olabilir.

Beypazarı ve Tunçbilek linyitlerinin ısı enerjisi etkisiyle sıvılaştırılmasında katalizör kullanımı özellikle yağ oluşumunu artırırken (Gürüz vd 1987, Karaca *et al.* 2001), aynı linyitlerin fotokimyasal sıvılaştırılmasında sıvı verimini nisbeten azalttığı görülmüştür.

4.4. Sıvı Ürün ve Fraksiyonlara Dağılımın Işın Gücü ile Değişimi

Katalizör tipinin, kömür çözünürlüğünü arttırmadığı saptandıktan sonra katalizörsüz durumda linyitlerin tetralindeki çözünürlüğüne UV ışın kaynağının gücünün etkisi incelenmiştir. Beypazarı linyiti için elde edilen sonuçlar Çizelge 4.19. - 4.23.'de, grafiksel değişimleri ise Şekil 4.17. -4.22.'de verilmiştir. Şekil 4.17.'de toplam sıvı ürün verimlerinin ışın gücü ve tepkime süresi ile değişimi, Şekil 4.18.-4.22.'de ise toplam sıvı verimi ve fraksiyonlara dağılımın ışın gücü ile değişimleri gösterilmiştir. Şekil 4.17.'de görüldüğü gibi sıvı verimi 10 günlük tepkime süresinde ışın kaynağı gücünün artması ile artmış ancak incelenen diğer tepkime sürelerinde ise 60 Watt'a kadar yani ışınlama yapıldığında artmış daha sonra ise ışın kaynağı gücünün artması sıvı verimini etkilmemiştir. Buradan, sıvı veriminin artmasında sadece ışık gücünün artırılmasının yeterli olmadığı belli bir ışın gücünden sonra çok uzun tepkime sürelerinin gerekli olduğu sonucuna ulaşılmıştır.

Söğüt (1997) tarafından yapılan çalışmada aynı linyit için sıvı verimlerinin 96 ve 120 h gerçekleştirilen deneylerde ışın kaynağı gücünün artması ile artmış ancak 24, 48 ve 72 h gerçekleştirilen deneylerde ise sıvı ürün verimlerinin 120 Watt'a kadar arttığı daha sonra ise ışın kaynağı gücünün artması ile azalmaya başladığı gözlenmiştir. Çalışmada, 120 Watt ışın gücü ve 72 h kadar gerçekleştirilen deneylerde çözücüden kömür radikallerine aktarılan hidrojen sıvılaşma için yeterli olduğundan bu noktalara kadar sıvılaşma veriminin arttığı ancak UV ışın kaynağının gücünün 120 Watt'ın üzerine çıkarılması ile bu sürede ortamda yeterli hidrojen bulunmadığından sıvılaşma veriminin azalmış olduğu belirtilmiştir. Tepkime süresinin 96 h çıkması ile sıvı veriminin tekrar artması, 120 Watt'ta ve 72 h sürenin ortamdaki kömür radikallerinin stabilize etmek için yeterli olmadığı sonucuna ulaşılmıştır.

Yağ verimleri de toplam sıvı verimindeki gibi 10 günlük tepkime süresi dışındaki tepkime sürelerinde ışın gücünün 60 Watt'a artması ile artmış daha sonra hemen hemen sabit kalmıştır. 10 günlük tepkime süresinde yağ verimi ışın gücü ile doğrusal bir şekilde değişmiştir (Şekil 4.22.). Asfalten verimleri ışın gücünün artması ile başlangıçta bir miktar artmış daha sonra azalmıştır. Asfalten verimlerindeki değişim 10 günlük tepkime süresinde daha belirgin olarak gözlenmiştir. Tüm tepkime sürelerinde preasfalten verimlerindeki değişimler ufak olup 1 ve 10 gün tepkime süreleri dışındaki tepkime sürelerinde (Şekil 4.19., Şekil 4.20., Şekil 4.21.) yüksek ışın güçlerinde hafif bir azalma eğilimi taşımaktadır.

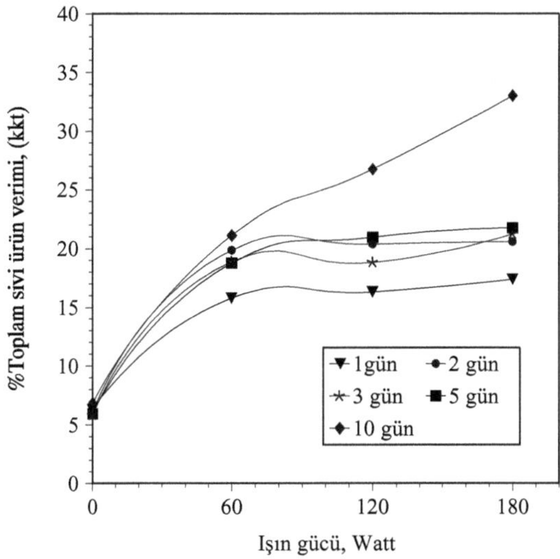

Şekil 4.17. Beypazarı linyitinden elde edilen toplam sıvı ürün veriminin ışın gücü ve tepkime süresi ile değişimi (çözücü/kömür: 5/1)

Çizelge 4.19. Beypazarı linyitinden elde edilen toplam sıvı ürün ve fraksiyonlara dağılımının ışın gücü ile değişimi (tepkime süresi: 1 gün, çözücü/kömür: 5/1)

Işın gücü (Watt)	Toplam sıvı ürün, % kkt	Yağlar, %kkt	Asfaltenler, %kkt	Preasfaltenler, %kkt
0	6,30	4,81	0,46	1,03
60	15,79	13,53	1,88	0,38
120	16,31	13,58	2,33	0,40
180	17,39	13,49	3,10	0,80

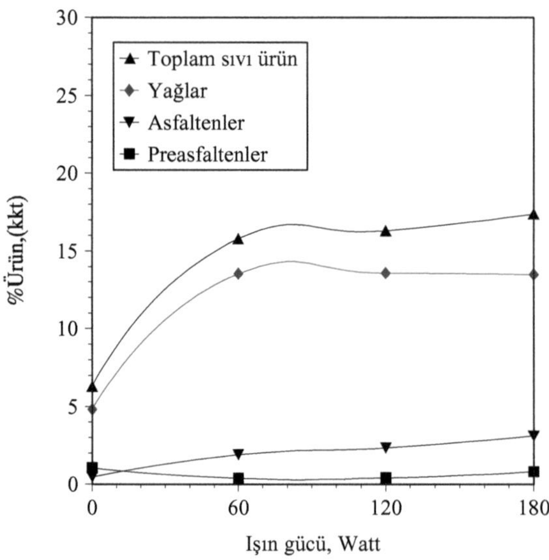

Şekil 4.18. Beypazarı linyitinden elde edilen toplam sıvı ürün ve fraksiyonlara dağılımının ışın gücü ile değişimi (tepkime süresi: 1 gün, çözücü/kömür: 5/1)

Çizelge 4.20. Beypazarı linyitinden elde edilen toplam sıvı ürün ve fraksiyonlara dağılımının ışın gücü ile değişimi (tepkime süresi: 2 gün, çözücü/kömür: 5/1)

Işın gücü (Watt)	Toplam sıvı ürün, % kkt	Yağlar, %kkt	Asfaltenler, %kkt	Preasfaltenler, %kkt
0	6,06	4,34	0,75	0,97
60	19,85	15,98	2,77	1,10
120	20,37	15,75	3,82	0,80
180	20,57	18,36	1,81	0,40

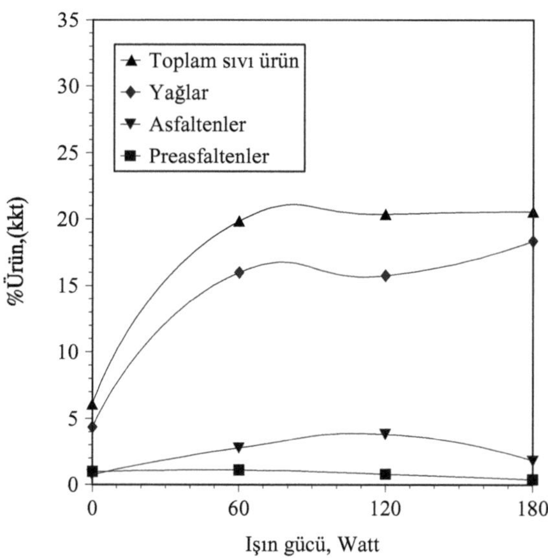

Şekil 4.19. Beypazarı linyitinden elde edilen toplam sıvı ürün ve fraksiyonlara dağılımının ışın gücü ile değişimi (tepkime süresi: 2 gün, çözücü/kömür: 5/1)

Çizelge 4.21. Beypazarı linyitinden elde edilen toplam sıvı ürün ve fraksiyonlara dağılımının ışın gücü ile değişimi (tepkime süresi: 3 gün, çözücü/kömür: 5/1)

Işın gücü (Watt)	Toplam sıvı ürün, % kkt	Yağlar, %kkt	Asfaltenler, %kkt	Preasfaltenler, %kkt
0	5,85	4,10	0,88	0,87
60	18,88	15,36	2,91	0,61
120	18,82	14,41	3,25	1,16
180	21,24	17,72	2,38	1,14

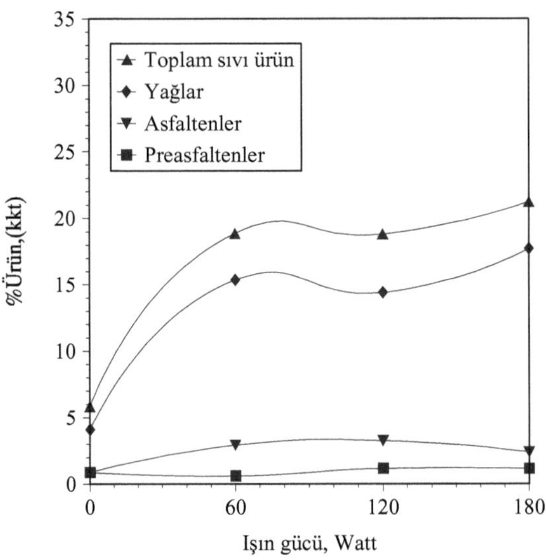

Şekil 4.20. Beypazarı linyitinden elde edilen toplam sıvı ürün ve fraksiyonlara dağılımının ışın gücü ile değişimi (tepkime süresi: 3 gün, çözücü/kömür: 5/1)

Çizelge 4.22. Beypazarı linyitinden elde edilen toplam sıvı ürün ve fraksiyonlara dağılımının ışın gücü ile değişimi (tepkime süresi: 5 gün, çözücü/kömür: 5/1)

Işın gücü (Watt)	Toplam sıvı ürün, % kkt	Yağlar, %kkt	Asfaltenler, %kkt	Preasfaltenler, %kkt
0	5,93	4,48	0,91	0,54
60	18,75	15,47	2,80	0,48
120	20,95	17,03	2,05	1,87
180	21,74	19,23	2,09	0,42

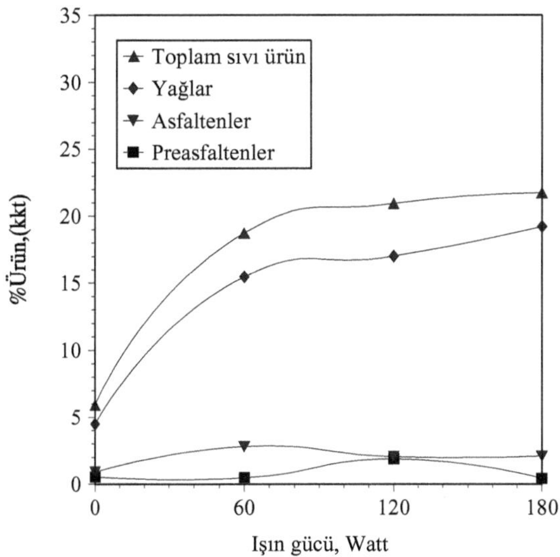

Şekil 4.21. Beypazarı linyitinden elde edilen toplam sıvı ürün ve fraksiyonlara dağılımının ışın gücü ile değişimi (tepkime süresi: 5 gün, çözücü/kömür: 5/1)

Çizelge 4.23. Beypazarı linyitinden elde edilen toplam sıvı ürün ve fraksiyonlara dağılımının ışın gücü ile değişimi (tepkime süresi: 10 gün, çözücü/kömür: 5/1)

Işın gücü (Watt)	Toplam sıvı ürün, % kkt	Yağlar, %kkt	Asfaltenler, %kkt	Preasfaltenler, %kkt
0	6,81	5,04	1,20	0,57
60	21,12	13,60	6,26	1,26
120	26,74	20,91	3,82	2,01
180	32,99	27,53	2,70	2,76

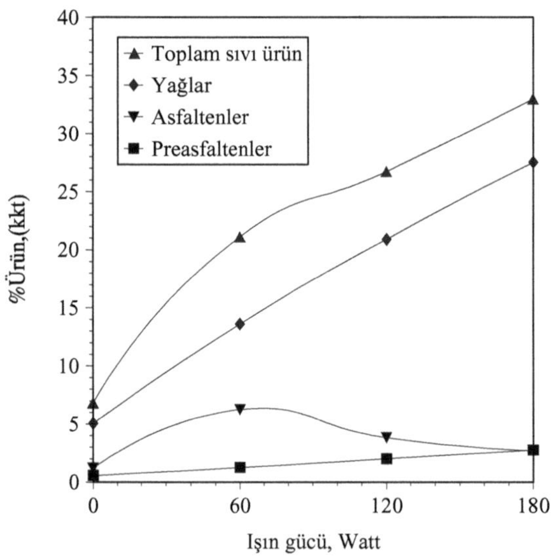

Şekil 4.22. Beypazarı linyitinden elde edilen toplam sıvı ürün ve fraksiyonlara dağılımının ışın gücü ile değişimi (tepkime süresi: 10 gün, çözücü/kömür: 5/1)

Tunçbilek linyiti için elde edilen sonuçlar Çizelge 4.24 - 4.28.'de, grafiksel değişimleri ise Şekil 4.23- 4.28.'de verilmiştir. Şekil 4.23.'de toplam sıvı ürün verimlerinin ışın gücü ve tepkime süresi ile değişimi, Şekil 4.24.- 4.28.'de ise toplam sıvı verimi ve fraksiyonlara dağılımının ışın gücü ile değişimleri gösterilmiştir. Şekil 4.23.'den ışın gücünün artmasıyla 2, 3 ve 5 günlük tepkime sürelerinde toplam sıvı ürün verimlerinin doğrusal bir şekilde arttığı 1 ve 10 günlük tepkime sürelerinde ise ışınlamanın yapıldığı durumda (60 Watt) arttığı daha sonra sabit kaldığı ve ışın gücünün daha da artmasıyla hafif artma eğilimi gösterdiği gözlenmiştir. Her bir ışın gücünde 5 günlük tepkime süresinde en fazla sıvı ürün verimi elde edilmiştir. 180 Watt ışın gücünde 3 günlük tepkime süresinde ulaşılan sıvı dönüşümünün 5 günlük tepkime süresinde elde edilenle aynı olduğu görülmüştür (Şekil 4.23.). Sonuç olarak elde edilen verilerden, linyitlerin sıvı oluşumunda optimum tepkime sürelerinin olduğu gözlenmiştir. Bu bilgi ışığında, bu tepkime sürelerinde daha yüksek ışın güclerinde çalışılarak sıvı ürünlere dönüşüm miktarları daha da arttırılabilir.

1 günlük tepkime süresinde en düşük sıvı verimi elde edilmiş olup ışın gücünün artması pratik olarak sıvı verimini etkilememiştir (Şekil 4.23). Bu durum, 1 günlük tepkime süresinin ortamdaki kömür radikallerini stabilize etmek için yeterli olmadığı düşüncesini uyandırmıştır. 10 günlük tepkime süresinde, 1 günlük tepkime süresine göre daha yüksek sıvı verimi elde edilmek koşuluyla 1 günlük tepkime süresindeki gibi ışın gücünün artmasının sıvı verimini etkilememesi, oluşan serbest radikaller uzun reaksiyon sürelerinde ortamda yeterli miktarda hidrojen bulunamaması nedeniyle yeterince kararlı hale gelememekte bunun sonucu da ışın gücünün artışından sıvı ürün oluşumu etkilenmemektedir.

Yağ verimindeki değişimler toplam sıvı verimindeki değişimler ile aynı olup 1 ve 10 tepkime süresinde (Şekil 4.24. - Şekil 4.28.) ışınlama yapıldığı durumda bir miktar artmış ancak ışın gücünün artması ile yağ oluşum miktarı değişmemiştir. AS verimleri ışın gücünün artmasıyla 2 günlük tepkime süresinde (Şekil 4.25.) hafif bir artma eğiliminde diğer tüm tepkime sürelerinde önce bir miktar artmış daha sonra azalma eğilimi göstermiştir. Işın gücünün 180 Watt'a artmasıyla genel olarak AS veriminin bir miktar azaldığı buna karşın AS veriminin azaldığı yerde yağ veriminde daha fazla bir artışın olduğu dikkat çekmektedir (Şekil 4.26.-4.28.). Buradan, yüksek ışın gücünde bir miktar AS moleküllerinin parçalanarak yağları oluşturduğu söylenebilir.

PAS verimlerindeki değişimler önemsiz olmakla beraber 1 ve 2 günlük tepkime sürelerinde (Şekil 4.24. - Şekil 4.25.) ışın gücünün artmasıyla PAS verimlerinin artma eğiliminde olduğu, 10 günlük tepkime süresinde sabit kaldığı (Şekil 4.28), 3 ve 5 günlük tepkime sürelerinde (Şekil 4.26. - Şekil 4.27.) önce hafifçe arttığı daha sonra azalma eğilimi taşıdığı görülmüştür. Yüksek ışın güclerinde, PAS verimlerinde azalma eğiliminin olduğu noktada yağ verimlerinde artma eğiliminin gözlenmesi PAS'ların da parçalanarak yağ oluşumuna katkıda bulunmuş olabileceği düçüncesini uyandırmaktadır.

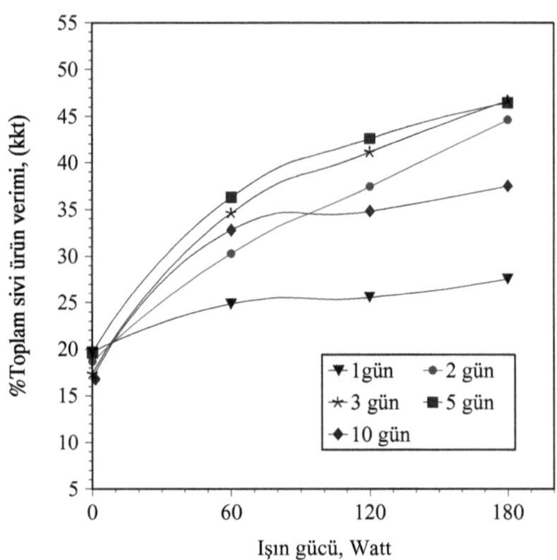

Şekil 4.23. Tunçbilek linyitinden elde edilen toplam sıvı ürün veriminin ışın gücü ve tepkime süresi ile değişimi (çözücü/kömür: 5/1)

Çizelge 4.24. Tunçbilek linyitinden elde edilen toplam sıvı ürün ve fraksiyonlara dağılımının ışın gücü ile değişimi (tepkime süresi: 1 gün, çözücü/kömür: 5/1)

Işın gücü (Watt)	Toplam sıvı ürün, % kkt	Yağlar, %kkt	Asfaltenler, %kkt	Preasfaltenler, %kkt
0	19,69	15,35	2,04	2,30
60	24,85	18,50	4,21	2,14
120	25,54	18,87	3,94	2,73
180	27,53	20,64	3,15	3,74

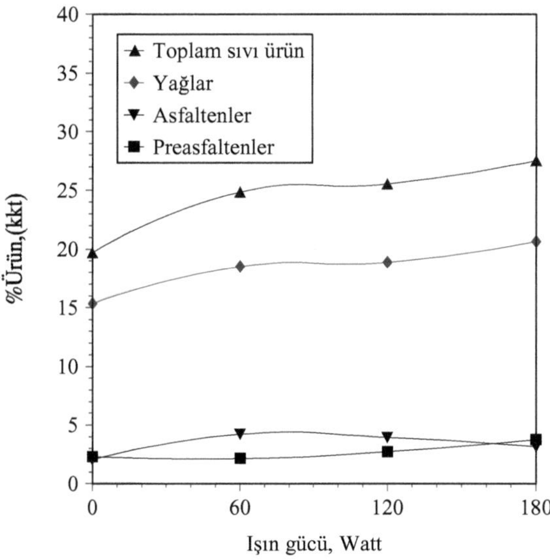

Şekil 4.24. Tunçbilek linyitinden elde edilen toplam sıvı ürün ve fraksiyonlara dağılımının ışın gücü ile değişimi (tepkime süresi: 1 gün, çözücü/kömür: 5/1)

Çizelge 4.25. Tunçbilek linyitinden elde edilen toplam sıvı ürün ve fraksiyonlara dağılımının ışın gücü ile değişimi (tepkime süresi: 2 gün, çözücü/kömür: 5/1)

Işın gücü (Watt)	Toplam sıvı ürün, % kkt	Yağlar, %kkt	Asfaltenler, %kkt	Preasfaltenler, %kkt
0	18,66	14,62	2,29	1,75
60	30,27	21,92	5,40	2,95
120	37,44	26,79	6,31	4,34
180	44,59	31,72	6,87	6,00

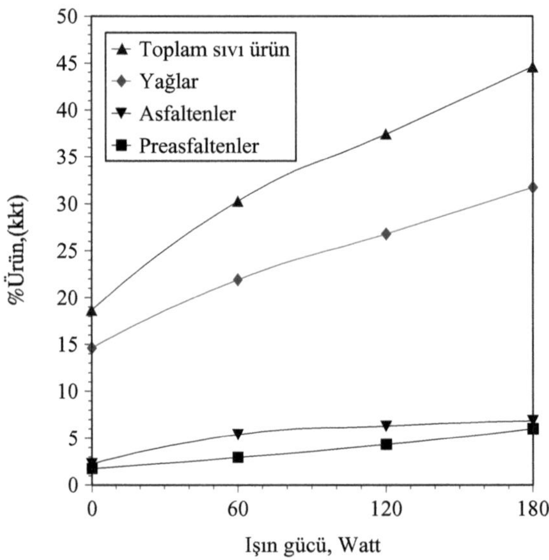

Şekil 4.25. Tunçbilek linyitinden elde edilen toplam sıvı ürün ve fraksiyonlara dağılımının ışın gücü ile değişimi (tepkime süresi: 2 gün, çözücü/kömür: 5/1)

Çizelge 4.26. Tunçbilek linyitinden elde edilen toplam sıvı ürün ve fraksiyonlara dağılımının ışın gücü ile değişimi (tepkime süresi: 3 gün, çözücü/kömür: 5/1)

Işın gücü (Watt)	Toplam sıvı ürün, % kkt	Yağlar, %kkt	Asfaltenler, %kkt	Preasfaltenler, %kkt
0	17,34	13,28	1,81	2,25
60	34,60	22,44	6,60	5,56
120	41,13	28,62	7,01	5,50
180	46,64	37,20	5,43	3,79

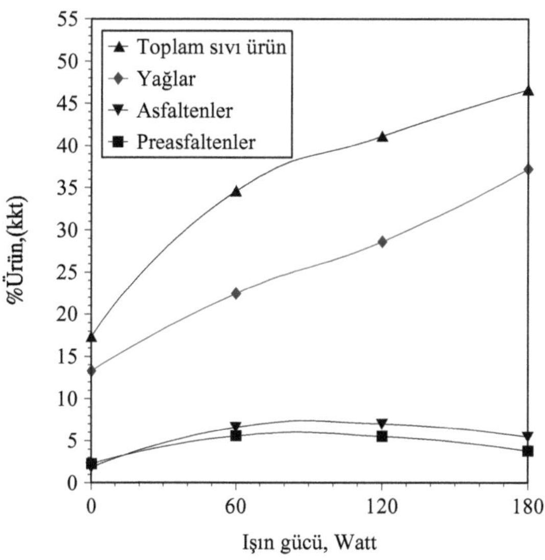

Şekil 4.26. Tunçbilek linyitinden elde edilen toplam sıvı ürün ve fraksiyonlara dağılımının ışın gücü ile değişimi (tepkime süresi: 3 gün, çözücü/kömür: 5/1)

Çizelge 4.27. Tunçbilek linyitinden elde edilen toplam sıvı ürün ve fraksiyonlara dağılımının ışın gücü ile değişimi (tepkime süresi: 5 gün, çözücü/kömür: 5/1)

Işın gücü (Watt)	Toplam sıvı ürün, % kkt	Yağlar, %kkt	Asfaltenler, %kkt	Preasfaltenler, %kkt
0	19,58	14,16	2,69	2,73
60	36,29	25,87	6,27	4,15
120	42,59	30,63	7,23	4,73
180	46,42	37,20	5,43	3,79

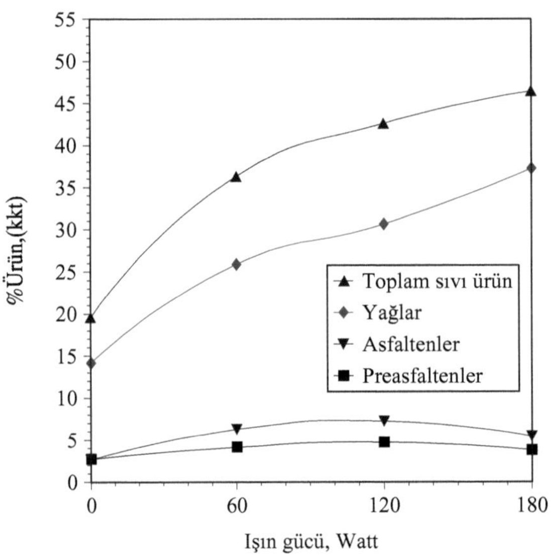

Şekil 4.27. Tunçbilek linyitinden elde edilen toplam sıvı ürün ve fraksiyonlara dağılımının ışın gücü ile değişimi (tepkime süresi: 5 gün, çözücü/kömür: 5/1)

Çizelge 4.28. Tunçbilek linyitinden elde edilen toplam sıvı ürün ve fraksiyonlara dağılımının ışın gücü ile değişimi (tepkime süresi: 10 gün, çözücü/kömür: 5/1)

Işın gücü (Watt)	Toplam sıvı ürün, % kkt	Yağlar, %kkt	Asfaltenler, %kkt	Preasfaltenler, %kkt
0	16,80	12,71	1,85	2,24
60	32,79	22,01	7,22	3,56
120	34,81	22,89	8,67	3,25
180	37,50	27,70	5,98	3,82

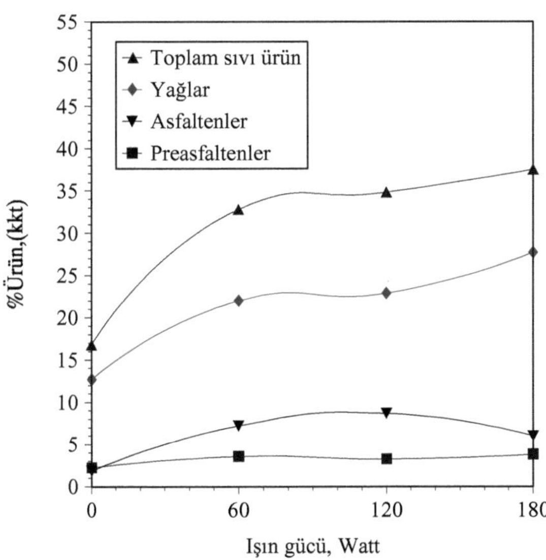

Şekil 4.28. Tunçbilek linyitinden elde edilen toplam sıvı ürün ve fraksiyonlara dağılımının ışın gücü ile değişimi (tepkime süresi: 10 gün, çözücü/kömür: 5/1)

Linyitlerin sıvılaşma yatkınlığı kıyaslandığında; birbirlerinden farklı sıvılaşma mekanizmasına sahip oldukları görülmüştür. Beypazarı linyitinde, uzun tepkime sürelerinde ışın gücünün arttırılmasıyla çözünürlük artarken Tunçbilek linyitinde optimum bir tepkime süresinin olduğu görülmüştür. Yani, düşük (1 gün) ve yüksek (10 gün) tepkime sürelerinde Tunçbilek linyitinin çözünürlüğü ışın gücünün (60-180 Watt) artışından etkilenmemektedir. Bu çalışma için, 5 günlük tepkime süresinde en yüksek sıvı dönüşümü elde edilmiş olup 2, 3 ve 5 günlük tepkime sürelerinde ışın gücünün artışının sıvı veriminin artmasında daha etkili olduğu saptanmıştır. Daha önce de bahsedildiği gibi Beypazarı ve Tunçbilek linyitlerinin fotokimyasal sıvılaşma davranışı birbirinden farklı olduğundan dolayı ışın gücünün artışı da sıvı oluşum mekanizması üzerinde farklı tepkime sürelerinde etkili olmuştur .

Söğüt ve Olcay (1998)'ın 30 Watt gücündeki UV ışınları etkisiyle Tunçbilek, Muğla-Yatağan ve Beypazarı linyitlerinin tetralindeki çözünürlüğünü katalizörsüz ortamda inceledikleri çalışmada elde edilen maksimum sıvı verimleri Tunçbilek linyiti için 5 günlük tepkime süresinde %58, Beypazarı linyitinde 3 günlük tepkime süresinde %22 olarak gerçekleşmiştir. Tepkime süresinin artmasıyla sıvı verimleri artmıştır. Bu artışın düşük tepkime sürelerinde önemsiz iken yüksek tepkime sürelerinde önemli olduğu gözlenmiştir. Tepkime süresinin artışı, Tunçbilek linyitinde sıvı verimini yaklaşık %12'de %58'e, Beypazarı linyitinde %10'dan %22'e arttırmıştır. Söğüt ve Olcay (1998) en fazla 5 gün için deney yapmışlardır. Bu çalışmada ise daha uzun süreli tepkimelerdeki (10 gün) UV kaynağı etkisi altındaki davranışlar belirlenmiştir. Tepkime süresinin daha da artmasıyla Beypazarı linyitinin çözünürlüğünün daha da arttığı, Tunçbilek linyitininki ise bir maksimumdan geçtikten sonra azaldığı görülmüştür..

Söğüt (1997)'ün Beypazarı linyiti için 180 Watt ışın gücünde elde ettiği sıvı verimleri bu çalışmada 180 Watt için elde edilen sonuçlarla kıyaslanırsa; Söğüt(1997) maksimum sıvı dönüşümünü 5 günlük tepkime süresinde %40 olarak elde ederken bu çalışma da maksimum dönüşüm 10 günlük tepkime süresinde %33 olarak elde edilmiştir. Söğüt'ün kullandığı Beypazarı linyitinin kül (%36,77) ve kükürt içeriğinin (%9,14) bu çalışmada kullanılan Beypazarı linyitinin kül (%25,55) ve kükürt içeriğinden (%4,72) daha yüksek olması muhtemelen Söğüt'ün çalışmasındaki sıvı verimin yüksek olmasına neden olmuştur.

Şimşek (1997) Türk kömürlerinin mikrodalga enerjisi etkisiyle tetralindeki hidrojenasyonunu incelediği çalışmada, Beypazarı ve Tunçbilek linyitlerinin sıvı verimlerinin tepkime süresi ve çözücü/kömür oranlarının artması ile arttığını bulmuştur. Mirodalga ısıtma ile maksimum sıvı dönüşümüne Beypazarı linyiti için %23, Tunçbilek linyiti için %20 olarak 8/1 çözücü/kömür oranında ve 10 dakika tepkime süresinde ulaşılmıştır.

Gürüz vd (1987), Beypazarı linyitinin otoklavda 70 atm hidrojen basıncında ve tetralinde 420 ^{0}C ve 15 dakikada gerçekleştirilen sıvılaştırma işleminde %66,1 toplam sıvı verimi elde etmişlerdir. Sıvı ürünlerin fraksiyonlara dağılımında en yüksek payı preasfaltenler (%42,1) daha sonra asfaltenler (%41,8) ve en düşük olarak da yağlar (%16,2) oluşturmuştur. Aynı çalışmada yapılan katalitik sıvılaştırma deneylerinde katalizör kullanımının yağ oluşumunu artırdığı belirlenmiştir.

Karaca *et al.* (2001), Beypazarı ve Tunçbilek linyitlerini otoklavda 3/1 tetralin/linyit oranında 2,5 MPa azot basıncında, 400 ^{0}C ve 60 dakika reaksiyon süresinde sıvılaştırılması işlemi sonucunda Beypazarı linyitinde %75,3 toplam dönüşüm, %31,8 preasfalten, %14,3 asfalten ve %29,2 yağ vermi, Tunçbilek linyitinde ise %61,3 toplam dönüşüm, %27,6 preasfalten, %16,8 asfalten ve %16,9 yağ vermi elde etmişlerdir. Her iki linyitte de fraksiyonlara dağılımda preasfaltenlerin daha yüksek payı oluşturduğu gözlenmiştir. Aynı çalışmada katalizör kullanımı yağlara dönüşümü artırmıştır.

Ceylan (1986), Beypazarı ve Tunçbilek linyitlerinin azot ve hidrojen atmosferinde 5/1 tetralin/linyit oranında ekstraksiyon veriminin sıcaklık ve ekstraksiyon süresi ile değişimini incelemiş ve en yüksek sıvı verimlerini, Beypazarı linyiti için %77,11 olarak hidrojen atmosferinde 400 ^{0}C sıcaklık ve 60 dakika ekstraksiyon süresinde 9,38 MPa basınçta, Tunçbilek linyiti için azot atmosferinde 400 ^{0}C sıcaklıkta 120 dakika ekstraksiyon süresinde 5,11 MPa basınçta %78,06 olarak elde etmiştir. Çalışmada, sıvı ürünün fraksiyonlara dağılımında preasfaltenler en büyük payı oluştururken yağlar en düşük payı oluşturmuştur.

Yapılan bu çalışmada ise UV ışınları etkisiyle 5/1 tetralin/linyit oranında sıvılaştırma işlemi sonucunda maksimum sıvı ürün verimi Beypazarı linyiti için 180 Watt ışın gücünde ve 10 günlük tepkime süresinde %33 olarak, Tunçbilek linyitinde 180 Watt ışın gücünde 3 günlük tepkime süresinde %47 olarak elde edilmiştir. Sıvı ürünün fraksiyonlara dağılımında yağlara dönüşümün belirgin olarak yüksek olduğu görülmüştür. Literatürden verilen örneklerde ısı enerjisi ile yapılan sıvılaştırma çalışmalarında maksimum sıvı verimlerinin elde rdildiği koşullar oldukça yüksek basınç ve sıcaklık (Ceylan 1986, Gürüz vd 1987, Karaca *et al.* 2001) gerektirirken bu çalışmada UV ışınları etkisiyle oda sıcaklığı ve basıncında dikkate değer sıvı verimleri elde edilmiştir. Ayrıca mirodalga ısıtma (Şimşek 1997) ile elde edilen sıvı verimlerinin bu çalışmada elde edilen sıvı verimlerinden daha düşük olduğu görülmüştür. Isı enerjisi ile sıvılaştırma çalışmalarında preasfalten verimleri yüksek iken UV ışınları etkisiyle yapılan bu çalışmada yağ verimlerinin daha yüksek olduğu görülmüştür.

4.5. Çar Verimi ve Çar Analizlerinin Işınlama Süresi ile Değişimi

Sıvılaştırma işleminde geride kalan çarın çevre kirliliğini azaltacak yakıt olarak değerlendirilmesi amacıyla çarın kül ve kükürt içeriği incelenmiştir. Kömür yakıt amaçlı kullanıldığında içerdiği kül ve kükürt kömürün ısı değerini azaltır, yakma birimlerinde birikinti oluşturarak erozyona, değişik işletme zorluklarına sebep olduğu gibi ciddi çevresel problemlere de neden olur. Mineral madde ve kükürtün neden olduğu sorunların çözümü kömürün 'temiz' olarak kulanılmasıdır. Kömürün kullanılmadan önce temizlenmesi baca gazı desülfürizasyonuna göre daha ekonomik olduğundan kömürlerin desülfürizasyonu üzerine yoğun çalışmalar yapılmaktadır (Hayashi *et al.* 1990). Kömürün ne dereceye kadar ve ne kadar kolaylıkla temizlenebileceği mineral maddelerin kömürde nasıl dağıldığına bağlıdır (Berkowitz 1979). Fiziksel, biyolojik ve kimyasal olmak üzere üç temel yöntemle kömürler mineral madde ve kükürtden arındırılabilmektedir. Fiziksel yöntemler; inorganik kükürt ve kömür yapısında ayrı büyük parçalar halinde bulunan minerel maddelerin uzaklaştırılmasında etkili iken kimyasal ve biyoloyik yöntemler organik kükürtün ve kömür organik yapısına kimyasal olarak bağlı minerallerin uzaklaşmasında etkilidir (Wheelock ve Markuszewski 1984, Karacan 1997). Ancak, mineral maddelerin ve kükürtün kömür yapısında bulunuş şekli ve kömürün kimyasal yapısı bu yöntemlerin etkinliğini etkilemektedir (Karaca ve Ceylan 2002). Kömürlerin sıvılaştırılması, hem düşük kükürt içerikli petrole alternatif sıvı yakıtların üretilmesi hem de düşük kükürt içerikli katı yakıtların elde edilmesi açısından önemlidir.

Ceylan ve Olcay (1994), Beypazarı ve Tunçbilek linyitlerinin ısı enerjisi etkisiyle sıvılaştırılması sonucu elde edilen sıvılaşma ürünleri arasındaki kükürt dağılımına ekstraksiyon koşullarının etkisini incelemiştir. Ekstraksiyon süresi ve sıcaklığın artmasıyla sıvı ve gaz ürünlerdeki kükürt miktarının arttığı bulunmuştur. Beypazarı linyitinin kükürt içeriğinin çoğunluğu sıvı ürüne geçerken Tunçbilek linyitinde çarda kaldığı gözlenmiştir. Buradan, Tunçbilek linyitindeki kükürtün daha kararlı yapıda muhtemelen aromatik karakterde olduğu sonucuna varılmıştır. Çarın yanar kükürt içeriği ekstraksiyon süresi ve sıcaklığının artmasıyla azalırken külde kükürt miktarı ekstraksiyon koşullarından etkilenmemiştir. Elde edilen verilerden, linyitlerin önemli dercede farklı kükürt yapılarına sahip oldukları ve sıvılaşma ürünleri arasındaki kükürt dağılımı ve kükürt uzaklaştırma miktarı üzerine orijinal linyitin kükürt yapısının önemli bir etkiye sahip olduğu sonucuna ulaşılmıştır. Ayrıca, yüksek sıcaklık ve uzun reaksiyon sürelerinde çözünebilir ürünlerin desülfürizasyonunda hidrojen atmosferinin etkin olduğu saptanmıştır.

Işın enerjisi ile kömürlerin desülfürizasyonu üzerine çalışmalar denenmiş ve oldukça başarılı sonuçlar elde edilmiştir. Tripathi *et al.* (1991), yüksek kükürt içerikli (%2-8) Hindistan kömürlerinin desülfürizasyonunda γ-ışınlarını kullanmıştır. Çalışmada, kömür yapısı önemli bir şekilde etkilenmeden sulu ve asidik kömür çözeltilerinin γ-ışınları etkisiyle radyolizi sonucu hem inorganik ile organik kükürdün hem de mineral maddelerin etkin bir şekilde uzaklaşması sağlanmıştır. Kömürlerin aynı anda hem desülfürizasyonu hem de demineralizasyonunda etkili olan bu yöntem güçlü potansiyele sahip yeni radyolitik bir proses olarak kabul edilmektedir.

Tripathi *et al.* tarafından 2001 yılında yapılan başka bir çalışmada MnO_2 katalizörlüğünde yüksek kükürt içerikli (%3-5) üç farklı Hindistan kömürünün γ-ışınları etkisiyle desülfürizasyonu ve demineralizasyonu incelenmiştir. Katalizörün kükürt ve mineral madde giderimini arttırdığı saptanmış olup γ-ışınları etkisiyle oluşan H_2O_2 ve diğer radyolitik ürünler vasıtasıyla oksidatif olarak organik ve inorganik kükürtün seçimli olarak uzaklaştırabildiği belirtilmiştir. Ayrıca, kömürlerin organik yapısında önemli değişikler gözlenmemiş olup uçucu madde miktarında kayıp olmadığı, kekleşme özelliğinde iyileşmeler ve ısı değerinin artığı gözlenmiştir. Bu radyolitik prosesle, kömürlerin desülfürizasyonu ve demineralizasyonunun ekonomik ve ticari çapta uygulanabilir olduğu ileri sürülmüştür .

Söğüt (1997), Beypazarı linyitinin UV ışınları etkisiyle desülfürizasyonunu incelemiştir. Çalışmada, UV ışınlarının tetralinde oda sıcaklığında ve atmosferik basınçta sıvılaştırma işlemi sonucunda linyitte kül, uçucu madde ve kükürt uzaklaştırmasını sağladığı bulunmuştur. Kükürt uzaklaştırma işlemleri sonucunda genel olarak çardaki sülfat kükürttünün arttığı gözlenmiş olup en fazla kükürt uzaklaştırılmasının organik kükürtte olduğu saptanmıştır.

Beypazarı ve Tunçbilek linyitlerinden elde edilen çar verimleri ve çar analizlerinin ışınlama süresi ile değişimleri sırasıyla Çizelge 4.29.- 4.31. ve Çizelge 4.32.- 4.34.'de verilmiştir. Bu veriler yardımıyla uzaklaştırılan kül, uçucu madde, toplam ve yanar kükürt miktarları hesaplanarak elde edilen sonuçlar Beypazarı linyiti için Çizelge 4.35.- 4.37.'de, grafiksel değişimleri ise Şekil 4.29. - 4.31.'de, Tunçbilek linyiti için Çizelge 4.38. - 4.40.'da, grafiksel değişimleri ise Şekil 4.32.- 4.34.'de gösterilmiştir.

Yürüm ve Yiğinsu (1982), ısıl ve UV ışınlarının etkisi ile gerçekleştirdikleri depolimerizasyon tepkimelerinde, UV ışınlarının etkisi ile gerçekleştirilen deneylerde başlangıçta kullanılan kömürden daha fazla miktarda katı kalıntı elde etmişlerdir. Katı kalıntı miktarının artmasının UV ışınlarının çözücü olarak kullanılan fenolün polimerize olmasına neden olmasından kaynaklanmış olabileceği ileri sürülmüştür. Söğüt (1997) tarafından Beypazarı linyitinin UV ışınları ile desülfürizasyonunun incelendiği çalışmada elde edilen sıvı ürün verimleri birbirinden çok farklı olduğu halde çar verimlerinin birbirine yakın değerler olduğu gözlenmiştir. Ayrıca elde edilen sıvı ürün ve çar miktarının toplamının başlangıç kömüründen daha yüksek olduğu bulunmuştur. Bu artışın nedeninin, Yürüm ve Yiğinsu (1982)'nun bulgularında olduğu gibi UV ışınlarının tetralinin kömürde polimerize olmasına neden olmasından kaynaklanabilceğini ileri sürmüştür. Isıl deneylerle yapılan sıvılaştırma çalışmalarında bu tür polimerizasyon tepkimeleri gözlenmemiştir (Ceylan 1986, Gürüz vd 1987, Karaca 1998).

Bu çalışmada, Söğüt'ün çalışmasındaki gibi elde edilen sıvı ürün ve çar miktarının toplamının başlangıç kömüründen daha yüksek olduğu ve çar verimlerinin birbirine yakın değerler olduğu gözlenmiştir. Elde edilen bulgular, daha önceki araştırmacıların UV ışınlarının depolimerizasyonda kullanılan çözücünün polimerizasyonuna neden olduğu yönündeki düşüncesini desteklemektedir.

Çizelge 4.29. Beypazarı linyitinden elde edilen çar verimi v e çar analizinin ışınlama süresi ile değişimi (ışın gücü: 60 Watt, çözücü/kömür: 5/1)

Işınlama süresi (gün)	Kül, % kt	UM, % kt	S_T, % kt	$S_{kül}$, % kt	S_{yanar}, % kt	Çar, % kt
1	28,44	40,49	4,57	1,42	3,15	85,35
2	27,49	40,19	4,68	1,33	3,35	85,49
3	27,04	40,16	4,36	1,28	3,08	84,72
5	27,94	40,20	4,76	1,37	3,39	85,27
10	27,65	40,00	4,34	1,45	2,89	86,16

Çizelge 4.30. Beypazarı linyitinden elde edilen çar verimi ve çar analizinin ışınlama süresi ile değişimi (ışın gücü: 120 Watt, çözücü/kömür: 5/1)

Işınlama süresi (gün)	Kül, % kt	UM, % kt	S_T, % kt	$S_{kül}$, % kt	S_{yanar}, % kt	Çar, % kt
1	27,92	40,08	4,53	1,69	2,84	85,96
2	26,81	42,12	4,35	1,11	3,24	85,91
3	27,30	42,71	4,66	1,30	3,36	86,09
5	28,62	40,40	4,75	1,90	2,85	88,41
10	27,75	39,79	4,88	1,18	3,09	85,19

Çizelge 4.31. Beypazarı linyitinden elde edilen çar verimi ve çar analizinin ışınlama süresi ile değişimi (ışın gücü: 180 Watt, çözücü/kömür: 5/1)

Işınlama süresi (gün)	Kül, % kt	UM, % kt	S_T, % kt	$S_{kül}$, % kt	S_{yanar}, % kt	Çar, % kt
1	26,92	41,32	4,73	1,67	2,36	88,73
2	26,85	41,67	4,81	1,43	3,38	88,31
3	27,75	43,50	5,07	1,80	3,27	86,04
5	26,66	41,92	4,80	1,43	3,37	88,53
10	27,64	41,39	4,88	1,65	3,23	88,12

Çizelge 4.32. Tunçbilek linyitinden elde edilen çar verimi ve çar analizinin ışınlama süresi ile değişimi (ışın gücü: 60 Watt, çözücü/kömür: 5/1)

Işınlama süresi (gün)	Kül, % kt	UM, % kt	S_T, % kt	$S_{kül}$, % kt	S_{yanar}, % kt	Çar, % kt
1	49,74	26,12	1,14	0,73	0,41	95,61
2	51,25	26,51	1,21	0,88	0,32	96,79
3	50,71	26,13	0,83	0,85	0,00	96,85
5	49,35	26,74	1,19	0,61	0,58	95,75
10	49,77	30,27	1,24	1,12	0,12	96,59

Çizelge 4.33. Tunçbilek linyitinden elde edilen çar verimi ve çar analizinin ışınlama süresi ile değişimi (ışın gücü: 120 Watt, çözücü/kömür: 5/1)

Işınlama süresi (gün)	Kül, % kt	UM, % kt	S_T, % kt	$S_{kül}$, % kt	S_{yanar}, % kt	Çar, % kt
1	50,45	25,92	1,20	0,53	0,67	95,25
2	50,43	27,17	1,28	0,46	0,82	96,04
3	50,73	26,38	1,28	0,75	0,57	96,78
5	50,23	27,18	1,25	0,73	0,52	97,62
10	50,08	27,09	1,24	0,92	0,32	97,48

Çizelge 4.34. Tunçbilek linyitinden elde edilen çar verimi ve çar analizinin ışınlama süresi ile değişimi (ışın gücü: 180 Watt, çözücü/kömür: 5/1)

Işınlama süresi (gün)	Kül, % kt	UM, % kt	S_T, % kt	$S_{kül}$, % kt	S_{yanar}, % kt	Çar, % kt
1	50,84	26,12	1,37	0,84	0,53	94,58
2	50,24	26,30	1,32	0,79	0,53	93,84
3	51,30	25,83	1,29	0,88	0,41	94,50
5	51,37	25,73	1,34	0,81	0,53	95,23
10	51,08	25,84	1,34	0,64	0,70	95,02

Şekil 4.29.'da 60 Watt ışın gücünde Beypazarı linyiti ile gerçekleştirilen deneylerde ışınlama süresinin artması ile uzaklaştırılan kül miktarı önce artmış daha sonra bir miktar azalmış ve uzun tepkime sürelerinde sabit kalmıştır. Uzaklaştırılan yanar ve toplam kükürt benzer davranış göstermiştir. Işınlama süresinin artması ile önce azalmış daha sonra artmış ve sonra tekrar azalmış ve uzun tepkime sürelerinde tekrar artmıştır. En fazla uzaklaşma yanar kükürtde gerçekleşmiştir. Uzaklaştırılan yüzde uçucu madde miktarı süre ile değişmemiştir.

Beypazarı linyitinden 120 Watt'ta uzaklaştırılan kül miktarı 60 Watt'taki gibi ışınlama süresi ile önce artmış sonra azalmış ve uzun tepkime sürelerinde tekrar artmıştır (Şekil 4.30.). Toplam kükürt ile yanar kükürt miktarları 60 Watt'takinin aksine birbirinden farklı davranış göstermiştir. Yanar kükürt miktarı azaldığında toplam kükürt miktarı artmış yanar kükürt miktarı arttığında toplam kükürt miktarı azalmıştır. Uzaklaştırılan kül miktarı ile toplam kükürt miktarının benzer davranış gösterdiği dikkat çekmiştir. Uzaklaştırılan yüzde uçucu madde miktarı 3 günlük tepkime süresine kadar önemli derecede azalmış daha sonra artarak ilk değerine ulaşmıştır.

Şekil 4.31.'de 180 Watt'ta Beypazarı linyiti ile gerçekleştirilen deneylerde de uzaklaştırılan kül ile toplam kükürt değişimlerinin benzer davranış gösterdiği gözlenmiştir. Işınlamanın yapıldığı 1 günlük tepkime süresinde %40 maksimum uzaklaştırılan yanar kükürt miktarı elde edilmiş, 2 günlük tepkime süresinde ise önemli derecede azalmış (%15), daha sonra sürenin artmasıyla artışlar ve azalmalar gözlenmiştir. Yüzde uzaklaştırılan uçucu madde miktarı 60 ve 120 Watt'taki duruma kıyasla en düşük düzeyde gerçekleşmiş olup süre ile değişmemiştir. Elde edilen uzaklaştırılan uçucu madde miktarlarından 180 Watt'ta linyitin uçucu madde kaybetmediği görülmüştür.

Tunçbilek linyitinden 60 Watt'ta Beypazarı linyitindeki gibi uzaklaştırılan yüzde yanar ve toplam kükürt değişimleri benzer davranış göstermiştir (Şekil 4.32.). Uzaklaştırılan yüzde yanar ve toplam kükürt miktarları 3 günlük tepkime süresinde bir maksimumdan geçtikten sonra uzun tepkime sürelerinde tekrar arttmıştır. Yanar kükürtde %90, toplam kükürtte %60 maksimum uzaklaşma elde edildiği gözlenmiştir. Uzaklaştırılan yüzde kül miktarı Beypazarı linyitine göre daha düşük olup ışınlama süresi ile önemli değişiklikler gözlenmemiştir. Uzaklaştırılan yüzde uçucu madde miktarı çok düşük olup 10 günlük ışınlama süresi sonunda bir miktar artmıştır.

Şekil 4.33.'de 120 Watt'ta Tunçbilek linyiti ile gerçekleştirilen deneylerde ise uzaklaştırılan yüzde kül ve toplam kükürt değişimlerinin benzer davranış gösterdiği gözlenmiştir. Benzer durum, 120 Watt için Beypazarı linyitinde de görülmüştür. Uzaklaştırılan yüzde yanar kükürt miktarı önce azalmış daha sonra sürenin artmasıyla artmıştır. Uzaklaştırılan kül miktarı düşük olup (%5) süre ile değişmemiştir. Toplam kükürtde ortalama %40 oranında uzaklaşma sağlanmış olup süre ile değişmemiştir. Uzaklaştırılan yüzde uçucu madde miktarı oldukça düşük olup sabit kalmıştır. Buradan, uçucu madde gideriminin olmadığı sonucuna varılmıştır.

180 Watt ışın gücünde Tunçbilek linyiti ile gerçekleştirilen deneylerde de uzaklaştırılan kül ve toplam kükürt yüzde değişimlerinin benzer davranış gösterdiği gözlenmiştir (Şekil 4.34.). Hem kül miktarı hemde toplam kükürt miktarı süre ile değişmemiştir. Yanar kükürt miktarı 120 Watt'taki gibi önce azalmış daha sonra bir miktar artmış daha sonra 120 Watt'takinin aksine tekrar azalmıştır. Işın gücünün artması uzun tepkime sürelerinde yanar kükürt uzaklaşma davranışını etkilemiştir. 60 ve 120 Watt'taki gibi uzaklaştırılan yüzde uçucu madde miktarı çok düşük olup süre ile değişmemiştir.

Çizelge 4.35. Beypazarı linyitinden uzaklaştırılan kül, uçucu madde, toplam ve yanar kükürt miktarının ışınlama süresi ile değişimi (ışın gücü: 60 Watt, çözücü/kömür: 5/1)

Işınlama süresi (gün)	% Uzaklaştırılan			
	Kül	UM	S_T	S_{yanar}
1	17,32	6,80	15,02	23,62
2	19,95	7,33	12,83	18,63
3	21,97	8,24	19,52	25,87
5	18,85	7,55	11,57	17,88
10	18,85	7,05	18,53	29,26

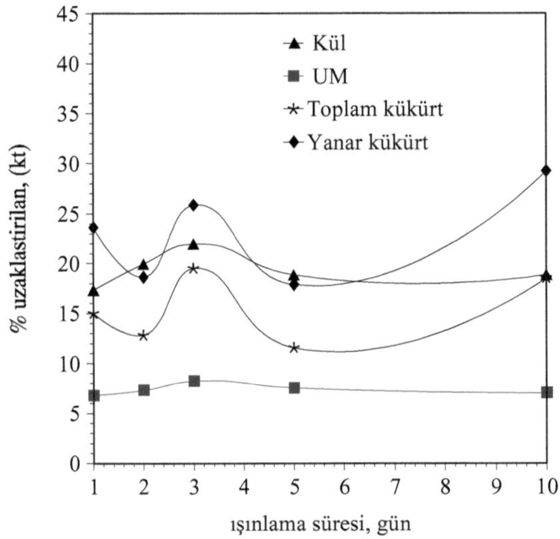

Şekil 4.29. Beypazarı linyitinden uzaklaştırılan kül, uçucu madde, toplam ve yanar kükürt miktarının ışınlama süresi ile değişimi (ışın gücü: 60 Watt, çözücü/kömür: 5/1)

Çizelge 4.36. Beypazarı linyitinden uzaklaştırılan kül, uçucu madde, toplam ve yanar kükürt miktarının ışınlama süresi ile değişimi (ışın gücü: 120 Watt, çözücü/kömür: 5/1)

Işınlama süresi (gün)	% Uzaklaştırılan			
	Kül	UM	S_T	S_{yanar}
1	18,25	7,08	15,16	30,64
2	21,55	2,41	18,58	20,92
3	19,95	0,80	12,59	17,82
5	13,81	3,67	8,50	28,41
10	19,48	8,58	9,42	25,21

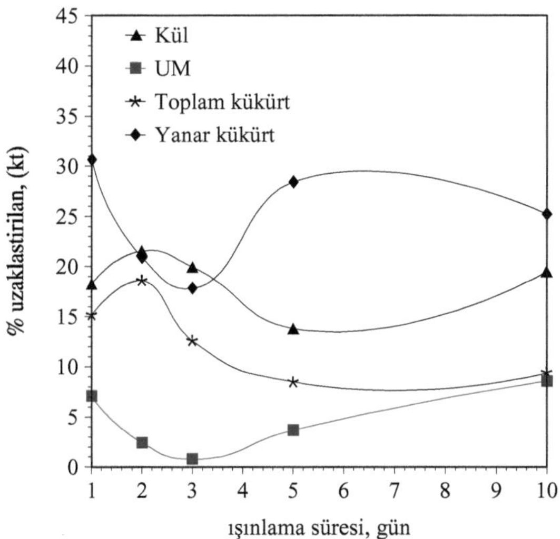

Şekil 4.30. Beypazarı linyitinden uzaklaştırılan kül, uçucu madde, toplam ve yanar kükürt miktarının ışınlama süresi ile değişimi (ışın gücü: 120 Watt, çözücü/kömür: 5/1)

Çizelge 4.37. Beypazarı linyitinden uzaklaştırılan kül, uçucu madde, toplam ve yanar kükürt miktarının ışınlama süresi ile değişimi (ışın gücü: 180 Watt, çözücü/kömür: 5/1)

Işınlama süresi (gün)	% Uzaklaştırılan			
	Kül	UM	S_T	S_{yanar}
1	18,64	1,12	8,56	40,51
2	19,23	0,75	7,45	15,20
3	18,67	0,93	4,96	20,07
5	19,61	0,42	7,41	15,24
10	17,04	1,63	6,31	19,13

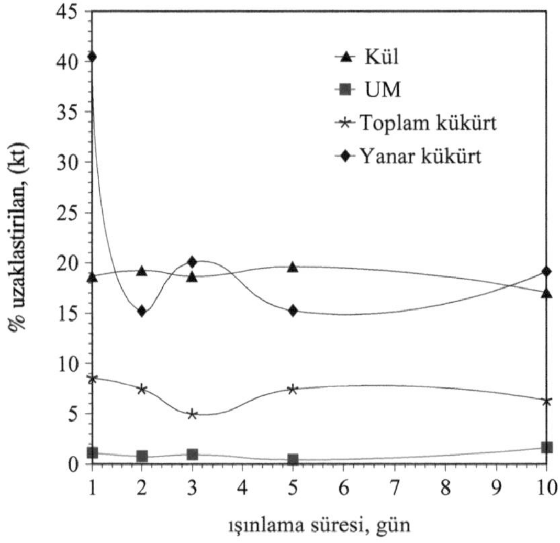

Şekil 4.31. Beypazarı linyitinden uzaklaştırılan kül, uçucu madde, toplam ve yanar kükürt miktarının ışınlama süresi ile değişimi (ışın gücü: 180 Watt, çözücü/kömür: 5/1)

Çizelge 4.38. Tunçbilek linyitinden uzaklaştırılan kül, uçucu madde, toplam ve yanar kükürt miktarının ışınlama süresi ile değişimi (ışın gücü: 60 Watt, çözücü/kömür: 5/1)

Işınlama süresi (gün)	% Uzaklaştırılan			
	Kül	UM	S_T	S_{yanar}
1	7,04	2,37	44,95	71,38
2	3,04	0,00	40,85	77,39
3	4,00	1,06	59,40	90,01
5	7,63	0,00	42,45	59,46
10	6,03	14,30	39,50	91,53

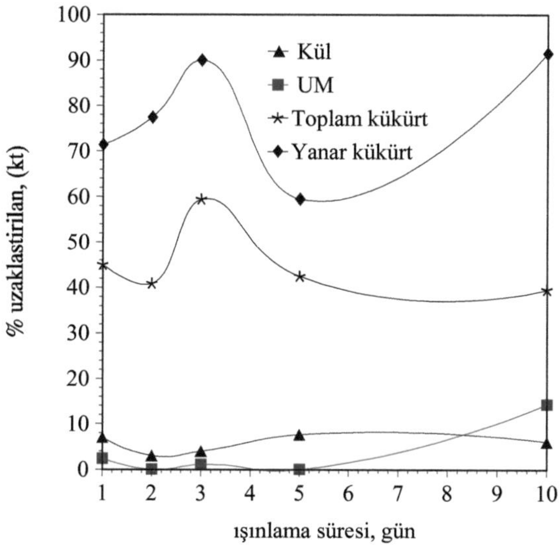

Şekil 4.32. Tunçbilek linyitinden uzaklaştırılan kül, uçucu madde, toplam ve yanar kükürt miktarının ışınlama süresi ile değişimi (ışın gücü: 60 Watt, çözücü/kömür: 5/1)

Çizelge 4.39. Tunçbilek linyitinden uzaklaştırılan kül, uçucu madde, toplam ve yanar kükürt miktarının ışınlama süresi ile değişimi (ışın gücü : 120 Watt, çözücü/kömür: 5/1)

Işınlama süresi (gün)	% Uzaklaştırılan			
	Kül	UM	S_T	S_{yanar}
1	6,07	3,48	42,27	53,41
2	5,33	0,00	37,91	42,51
3	4,03	0,19	37,43	59,73
5	4,15	0,00	38,37	62,94
10	4,57	0,00	38,95	77,23

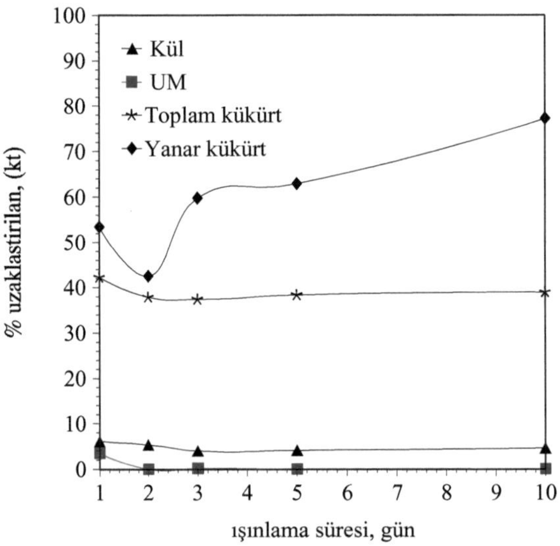

Şekil 4.33. Tunçbilek linyitinden uzaklaştırılan kül, uçucu madde, toplam ve yanar kükürt miktarının ışınlama süresi ile değişimi (ışın gücü : 120 Watt, çözücü/kömür: 5/1)

Çizelge 4.40. Tunçbilek linyitinden uzaklaştırılan kül, uçucu madde, toplam ve yanar kükürt miktarının ışınlama süresi ile değişimi (ışın gücü : 180 Watt, çözücü/kömür: 5/1)

Işınlama süresi (gün)	% Uzaklaştırılan			
	Kül	UM	S_T	S_{yanar}
1	6,01	3,42	34,56	86,87
2	7,84	3,51	37,44	63,70
3	5,24	4,57	38,43	71,71
5	4,38	4,21	35,55	63,16
10	5,13	4,01	35,69	51,44

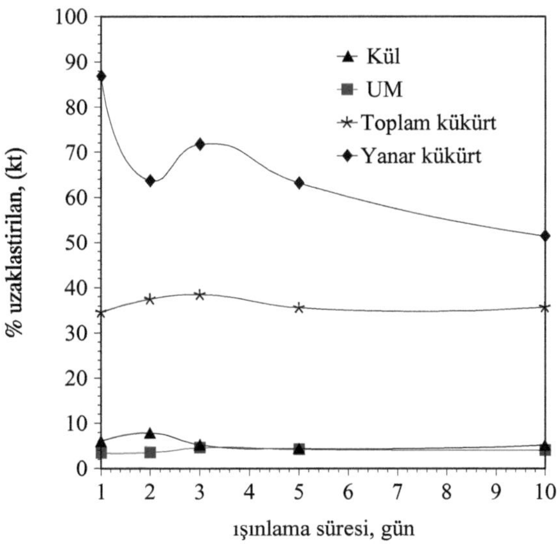

Şekil 4.34. Tunçbilek linyitinden uzaklaştırılan kül, uçucu madde, toplam ve yanar kükürt miktarının ışınlama süresi ile değişimi (ışın gücü : 180 Watt, çözücü/kömür: 5/1)

Linyitlerin desülfürizasyon ve demineralizasyon yatkınlıkları kıyaslanırsa; her iki linyitte de Tunçbilek linyitinde daha fazla olmak üzere en fazla yanar kükürtde uzaklaşma sağlandığı görülmüştür. Linyitlerin yanar kükürt içeriklerindeki uzaklaşmalar birbirinden önemli derecede farklıdır. Buradan, linyitlerin yanar kükürt yapılarının birbirinden farklı olduğu sonucuna varılabilir. Beypazarı linyitindeki yanar kükürt, kömür içerisinde daha kararlı yapıda muhtemelen aromatik karakterde olabilir. Bunun sonucu UV ışınları kömürdeki karbon-kükürt bağlarını etkileyememiş olabilir. Isı enerjisiyle yapılan sıvılaştırma işlemi sonucunda ise buradakinin aksine Beypazarı linyitinin kükürt içeriğinin çoğunluğu sıvı ürüne geçerken Tunçbilek linyitinde çarda kaldığı gözlenmiştir (Ceylan ve Olcay 1994). Daha önceki bölümlerde de belirtildiği üzere fotokimyasal ve ısıl çözünme davranışının biribirinden farklı olması desülfürizasyon mekanizmasını da etkilemiştir.

UV ışınları etkisiyle ortam sıcaklık ve basıncında Tunçbilek linyitinde uçucu madde giderimi sağlanamamış, Beypazarı linyitinde ise 60 ve 120 Watt ışın güclerinde bir miktar uçucu madde çıkışı olmakla birlikte ışın gücünün 180 Watt'a artmasıyla uçucu madde çıkışının olmadığı görülmüştür. Her iki linyitte de 60 Watt ışın gücünde uzaklaştırılan toplam ve yanar kükürt değişimleri benzer davranış gösterirken 120 ve 180 Watt'ta uzaklaştırılan kül ve toplam kükürt değişimleri benzer davranış göstermiştir. Buradan, ışın gücünün artmasının kül, toplam ve yanar kükürt uzaklaşma davranışını etkilediği sonucuna ulaşılmıştır. Işın gücünün artması Beypazarı linyitinde uçucu madde giderimini etkilerken Tunçbilek linyitinde etkisinin olmadığı görülmüştür. Işınlama süresinin etkisi Beypazarı linyitinde kül, uçucu madde, toplam ve yanar kükürt miktarı üzerine ışın gücüne bağlı olarak değişmiştir. Tunçbilek linyitinde ise kül ve uçucu madde üzerine ışınlama süresinin etkisi yokken toplam ve yanar kükürt miktarı üzerine ışın gücüne bağlı olarak etkisinin olduğu görülmüştür.

5. SONUÇLAR

UV ışınları etkisiyle oda sıcaklığı ve atmosferik basınçta Beypazarı ve Tunçbilek linyitlerinin tetralindeki sıvılaştırma işleminde, genel olarak ışınlama süresi ve ışın gücünün artması ile sıvı ürün verimi artmıştır. Işın gücünün artışı, ışınlama süresinin etkinliğini arttırmıştır. Beypazarı ve Tunçbilek linyitlerinin fotokimyasal çözünme davranışının birbirinden farklı olduğu görülmüştür. Beypazarı linyitinden elde edilen sıvı verimi, tepkime süresi ve ışın gücü ile sürekli artarken Tunçbilek linyitinde bir maksimumdan geçtikten sonra azalmıştır. Muhtemelen linyitlerin farklı mineral madde ve kükürt içeriğine sahip olmaları böyle bir etkiye neden olmuştur. Mineral maddelerin kömür sıvılaştırılması işlemlerinde katalitik etkiye sahip oldukları bilinmektedir. Nitekim, kül içeriği, dolayısıyla da mineral madde içeriği yüksek olan Tunçbilek linyitinde en yüksek sıvı verimi elde edilmiştir.

Karanlıkta elde edilen sıvı verimleri düşük olup tepkime süresi ile değişmemiştir. Işınlamanın yapıldığı durumda ise sıvı verimleri daha yüksek ve tepkime süresiyle artmıştır. Buradan, UV ışınlarının kömür sıvılaştırılmasında etkin bir enerji kaynağı olduğu ve ışınlama süresinin artmasının UV ışınlarının etkinliğini arttırdığı sonucuna ulaşılmıştır.

Sıvı ürün verimi üzerine ışın gücünün etkisi linyit tipine göre değişmiştir. Beypazarı linyitinde sıvı veriminin artmasında sadece ışın gücünün arttırılmasının yeterli olmadığı bunun yanı sıra çok uzun tepkime sürelerinin gerekli olduğu görülmüştür. Tunçbilek linyitinde ise ışın gücünün arttırılması, belli bir tepkime süresinde (5 gün) sıvı veriminin artışında etkili olmuştur. Buradan, genel olarak çözünürlüğün artmasında sadece ışın gücünün arttırılmasının yeterli olmadığı, aynı zamanda kömür tipine göre değişen oranlarda uzun tepkime sürelerine ihtiyaç olduğu sonucuna ulaşılmıştır.

Sıvı ürün oluşum mekanizması katalizör tipi ve ışınlama süresine bağlı olarak değişiklik göstermiştir. Genel olarak, TiO_2 ve ZnO fotokatalizörleri her iki linyitte de çözünürlüğü azaltıcı yönde etki etmiştir. TiO_2'de daha fazla görülmekle beraber TiO_2 ve ZnO fotokatalizörlerinin, deney koşullarında kuvars reaktör iç yüzeyine ince film halinde kaplanması, ışın-linyit partiküllerinin iyi bir şekilde etkileşmesinin engellemesi böyle bir etkiye neden olmuş olabilir. Bunun dışında, linyit-fotokatalizör ortamında fotokatalizörlerin UV ışınlarını yansıtması ve ya kömüre yeterince aktaramaması da ışın enerjisinden etkin bir şekilde yararlanılamamasına yol açmış olabilir.

$ZnCl_2$ tuzunun linyit partiküllerine emdirilmesi her iki linyitte de sıvı ürün oluşum mekanizmasını etkilemiştir. Beypazarı linyitinde uzun reaksiyon sürelerinde sıvı ürün verimini azaltırken Tunçbilek linyitinde düşük tepkime sürelerinde artışa sebep olmuştur. Her iki linyitte de 5 günlük tepkime süresinde olmak üzere Beypazarı linyitinde maksimum, Tunçbilek linyitinde katalizörsüz durumdakine yakın sıvı verimin elde edilmesine neden olmuştur. $ZnCl_2$ katalizörünün linyit partikülleri üzerine emdirilmesi işlemi, katalizör-linyit-ışın etkileşimini arttırması sebebiyle sıvı ürün verimlerinde artışlara neden olmuştur.

İncelenen tüm deney koşullarında toplam sıvı ve yağ verimleri tepkime süresiyle artarken asfalten (AS) ve preasfalten (PAS) verimlerinde önemli değişiklikler gözlenmemiştir. Buradan, aynı linyitlerin 350 ^{0}C ve daha düşük sıcaklıklarda ısı enerjisi etkisiyle (Ceylan ve Olcay 1992) ve mikrodalga ısıtma (Şimşek 1997) ile sıvılaştırılmasındaki gibi yağların, AS ve PAS'lardan değil tamamıyla linyitin kendisinden oluştuğu sonucuna ulaşılmıştır. AS ve PAS fraksiyonlarına göre yağlara dönüşüm oldukça yüksektir. Nitekim, ışın enerjisinin hafif ürün oluşumunda etkili olduğu bilinmektedir (Yürüm ve Yiğinsu 1982, Şimşek 1997, Söğüt 1997).

Sıvı ürün ve çar miktarının toplamının başlangıç kömüründen daha yüksek olduğu ve çar verimlerinin birbirine yakın olduğu gözlenmiştir. En fazla yanar kükürtde uzaklaşma elde edilmiştir. Uzaklaştırılan organik kükürt miktarları her iki linyitte birbirinden oldukça farklıdır. Tunçbilek linyitinin kükürt içeriğinin çoğunluğu uzaklaşırken Beypazarı linyitinde çarda kalmıştır. Bunun nedeni, linyitlerin farklı kükürt yapılarına sahip olmalarıyla açıklanabilir. Kül miktarında Beypazarı linyitinde Tunçbilek linyitine kıyasla daha fazla uzaklaşma sağlanmıştır. Linyitlerin inorganik bileşimlerinin birbirinden farklı olması böyle bir etkiye neden olmuş olabilir. UV ışınları etkisiyle ortam sıcaklık ve basıncında Tunçbilek linyitinde uçucu madde giderimi sağlanamamış,

Beypazarı linyitinde ise 60 ve 120 Watt ışın güçlerinde bir miktar uçucu madde çıkışı olmakla birlikte ışın gücünün 180 Watt'ta artmasıyla uçucu madde çıkışının olmadığı görülmüştür. Buradan, linyitlerde UV ışınları etkisiyle uçucu madde gideriminin olmadığı sonucuna ulaşılmıştır.

KAYNAKLAR

Anderson, L. L. 1995. Coal liquefaction. Encyclopedia of Energy Technology and the Environment, 792 s. , John Wiley&Sons, Inc.

Andrejko, M. J. and Cohen, A.D., 1984. Contributions of ash and silica from the major peat-producing plants in the okefenokee swamp-marsh complex' in the okefenokee swamp, (ed.) A. D. Cohen, D. J. Casagrande, M. J. Andrejko and G. R. Best. Wetland Surveys, Los Alomos, N. M., 575-592.

Angelova, G., Kamenski, D., Dimova, N. 1989. Kinetics of donor-solvent liquefaction of Bulgarian brown coal. Fuel 68(11); 1434-1438.

Allen, D. T. and Gavalas, G. R. 1984. Reactions of methylen and ether bridges. Fuel 63; 586-592.

Arıoğlu, E., ve Kural, O. 1988. Linyit ve Kullanım Alanları. Kömür Kimyası ve Teknolojisi, Kural, O. (ed.), 195 s., İstanbul.

Artok, L., Davıs, A., Mitcheil, G.D. and Schobert, H.H. 1992. Swelling pretreatments of coals for improved catalytic liquefaction. Fuel, 71; 981-991.

Artok, L., Schobert, H. H., Erbatur, O. 1994. Temperature-staged liquefaction of selected Turkish coals. Fuel Processing Technology, 37; 211-236.

Atkins, P., Jones, L. 1998. Temel Kimya, Moleküller, Maddeler ve Değişimler. (Çeviri : Kılıç, E., Köseoğlu, F., Yılmaz, H.) 1; 220 s., Ankara.

Avcı, O.1998. Güneşten Korunmada Temel Prensipler. Türkiye Klin. Kozmetoloji 1; 86-95.

Baldwin, R. M., Vinciguerra, S. 1983. Coal liquefaction catalysis. Iron pyrite and hydrogen sulphide. Fuel, 62; 498-501.

Berkowitz , N. 1979. An Introduction to Coal Techonology. Chapter1, 2, 8, Academic Press, New York.

Butler, R. and Snelson, A. 1980. Coal reduction studies. 4. Hydrogenation in the presence of $AlCl_3$ and $AlCl_3$+MCl_x (M=Cu, Zn, Fe, Cr, Mo and Ni). Fuel 59;93.

Brown, M. W., Galley, E. 1990. Testing UVA and UVB protection from microfine TiO_2. Cosmet & Toilet 105;69-73.

Cassidy, P.J., Hertan, P. A., Jackson, W.R., Larkins, F.P. and Rash, D. 1982. Hydrogenation of brown coal. 3. Roles of hydrogen donor solvents system catalysed by iron and tin compounds. Fuel, 61; 939-945.

Ceylan, K. 1986. Bazı Türk Linyitlerinin Ekstraksiyon Yöntemi ile Kalitesinin yükseltilmesi. Doktora Tezi, Ankara Üni. Fen Bilimleri Enstitüsü, Ankara.

Ceylan, K. and Olcay, A. 1992. Dissolution of two Turkish lignites in tetralin under hydrogen or nitrogen : effects of the extraction parameters on the conversion. Fuel, 71, p. 539-544

Ceylan, K. and Olcay, A. 1994. Dissolution of lignites in tetralin under hydrogen or nitrogen: effects of extraction conditions on sulfur distribution among the products. Fuel, 73; 63-69.

Ceylan, K., Olcay, A. 1998. Kinetic rate models for dissolution of Turkish lignites in tetralin under nitrogen or hydrogen atmospheres. Fuel Processing Technology, 53(3); 183-195.

Curran, G. P., Struck, R. T., Gorin, E. 1966. The mechanism of the hydrojen transfer process to coal and coal extract. J.Am.Chem. Soc.,Div. Petrolum Chem. 11(2); c-130.

Curran, G. P., Struck, R. T., Gorin, E. 1967. Mechamism of the hydrojen transfer process to coal and coal extract. Ind.Eng. Chem.Proc. Des.Dev. 6(2);166.

Curtis, C. W., Tsai, K. J., Guin, J. A. 1987. Effects of solvent composition on coprocessing coal with petroleum residuals. Fuel Processing Technology, 16(1);71-87.

Derbyshire, F., Hager, T. 1994. Coal liquefaction and catalysisi. Fuel 73; 1087-1092.

Dinçer, S., Bolat, E., Öner, M. 1998. Kömürün Sıvılaştırılması. Kömür özellikleri, teknolojisi ve çevre ilişkileri, Kural, O. (ed.), 511 s., İstanbul.

Doetschman, D.C., Ito, E., Ito, O., Kameyama, H. 1992. Photochemical extraction from tetrahydrofuran slurries of representative coals. Energy & Fuels, 6(5); 635-42.

Douglas, P, L., Lythgoe, S. C., Mallick, S. K. 1994. Coal liquefaction modelling: 1. development of a kinetic model. Fuel 73(4); 531-541.

Erbatur, O. 1996. Türk kömürlerinden temiz sıvı yakıt elde edilmesi. Tübitak KTÇAG/126 no'lu proje raporu.

Eskenazy, G., 1970. Adsorption of Beryllium on peat and coals. Fuel 49; 61-67.

Francis, W. 1961. Coal, second ed., Volume 2, pp.635.

Franz, J. A. and Camaioni, D. M. 1980a. Fragmentations and rearrangements of free radical intermediates during hydroliquefaction of coals in hydrogen donor media. Fuel 598; 803-805.

Franz, J. A. and Camaioni, D. M. 1980b. Radical pathways of coal dissolution in hydrogen donor media. J. Org. Chem. 45; 5247-5255.

Franz, J. A. and Camaioni, D. M. 1984. Study of deuterium isotop effect and structural distributions of products of reactions of coal in deuterated tetralin using ^{2}H and ^{13}C FT-n.m.r. and solid state ^{13}C Ft-n.m.r. Fuel 63; 990-1001.

Gates, B. C. 1980. Liquified coal by hydrogenetion. Chemistry and chemical engineering of catalytic processes (Prins R., Schuit G. C. A. Eds). NATO ASI series, Seri-E no : 39. Sijthoff and Noordhoff Int. Publishers, the Netherlands.

Gioia, F., Murena, F. 1993. Modelling the kinetics of coal depolymerization during hydroliquefaction: hydrogen donation and the release of nitrogen and sulfur compounds. Fuel, 72(7) ; 1025-1033.

Given, P.H. 1960. Fuel, 39;147.

Given, P. H. and Mıller, R. N. 1987. The Association of Major, Minor and Trace Element Profiles in Four Seams. III. The Trace Elements in Four Lignites and General Discussion of the Results of the Whole Study. Geochim. Cosmochim. Acta, 51; 1843-1853.

Glick, D. C. and Davıs, A. 1987. Variability in the inorganic element content of US coals including results of cluster analysis. Org. Geochem., 11 ; 331-342.

Gollakota, S.V., Lee, J. M. and Davıs, O. L., 1989. Process optimization of close-coupled integrated two-stage liquefaction by the use of cleaned coal. Fuel Processing Technology, 22; 205-216.

Gorin, E. 1981. Fundamentals of Coal Liquefaction. Chemistry of Coal Utilization, Elliott, M. A., (ed.), Sec. Supp. Vol., 1845 s., John Wiley&Sons, Inc.

Gül, E. 2001. Ses Dalgaları İle Türk Linyitlerinin Zenginleştirilmesinin Kömür Dönüşümü Ve Ürün Dağılımı Üzerine Etkisi. Doktora Tezi, Ankara Üni. Fen Bilimleri Enstitüsü, Ankara.

Gürüz, G., Olcay, A., Yürüm, Y., Baç, N., Orbey, H., Toğrul, T., Şenelt, A. 1987. Türk Linyitlerinin Sıvılaşma Özelliklerinin İncelenmesi. Tübitak TBAG-575/B projesi raporu.

Hager, G. T., Bı , X. X., Eklund, P. C., Givens, E. N., Derbyshire, F. J. 1994. Relative activity of nanoscale iron oxide, iron carbide and iron sulfide catalyst precursors for the liquefaction of a subbituminous coal. Energy & Fuels 8;88-93.

Halliday, D., Resnick, R. 1970. Fundamentals of Physics. John Wiley&Sons, Inc.

Han, K.W. and Wen, C.Y. 1979. Initial stage (short residence time) coal dissolution. Fuel 58;779-782.

Hayashi, J., Oku, K., Kuskabe, K. and Morooka, S. 1990. The role of microwave irradiation in coal desulphurization with molten caustics. Fuel,69;739-742.

Hessley, R.K., Reasoner, J.W. and Riley, J.T.1986. Coal Science. An Utilization to Chemistry. Technology and Utilization, Wiley-Interscience, 3.

Inoue, K., Yokoyama, S., Sanada, Y. 1982. Chemical structure of coal derived oil. Structural changes of each compound type with severity of hydrogenation. Fuel 61; 245-249.

Joseph, J.T., and Forraı,T.R.1992. Effect of exchangeable cations on liquefaction of low rank coals. Fuel 71; 75-80.

Kamat, P.V. and Ford, W.E. 1987. Photochemistry on Surfaces : Triplet-Triplet Energy Transfer on Colloidal TiO_2 particles. Chemical Physics Letters, 135 (4);5.

Kamiya, Y., Nagae, S., Yao, T., Kirai, K., Fukushima, A. 1982. Effects of solvent and iron compounds on the liquefaction of coal. Fuel, 61;906-911.

Karacan, F. (1997). Ağır Ortam Yöntemi ile Türk Kömürlerinden Mineral Maddelerin Uzaklaştırılması. Y. Lisans Tezi, Ankara Üni. Fen Bilimleri Enstitüsü, Ankara.

Karaca, H., Ceylan, K., Olcay, A. 2001. Catalytic dissolution of two Turkish lignites in tetralin in tetralin under nitrogen atmosphere:effects of the extraction parameters on the conversion. Fuel, 80; 559.

Karaca, H. 1998. Katalizör emdirme yöntemi ile bazı Türk linyitlerinin sıvılaştırılması. Doktora Tezi, Ankara Üni. Fen Bilimleri Enstitüsü, Ankara.

Karakitsou, K.E., Verykios, X.E. 1993. Effects of Altervalent Cation Doping of TiO_2 on Its Performance as a Photocatalyst for Water Cleavage. J. Phys. Chem., 97; 1184.

Karr, C. Jr. 1978a. Analytic methods for coal and coal products. Vol. I, Academic Press, New York.

Karr, C. Jr. 1978b. Analytic methods for coal and coal products. Vol. II, Academic Press, New York.

King, H. H. and Stock, L. M. 1984. Aspects of the chemistry of donor solvent coal dissolution. Promotion of the bond cleavege reactions of diphenylalkenes and related ethers and amines. Fuel 63; 810-815.

Kisch, H. 1988. What is Photocatalysis? Photochemistry, Ch 1, 1-8.

Kitaoka, Y., Ueda, M., Murata, K., Ito, H., Mikami, K. 1982. Effects of catalyst and vehicle in coal liquefaction. Fuel 61; 919-924.

Kurumlu Z. 1998. Ultraviyole ve Ultraviyoleden Korunma. Türkiye Klin. Kozmetoloji 1; 75-82.

Lancas, F. M. 1990. Radiation-induced effects on alternative feuls: I. X-ray irradiation of solvent refined coal (SRC). J. of Radioanalytical and Nuclear Chemistry 142 (2): 425-431.

Lancas, F. M., Carrilho, E., Dibo, D. M. P. 1992. Radiation-induced effects on alternative fuells: II. X-ray irradiation of asphaltenes from coal. J. of Radioanalytical and Nuclear Chemistry 158(2):283-292.

Legrini, O., Oliveros, E., Braun, A.M. 1993. Photochemical processes for water treatment. Chem. Rev. 93; 671-698.

Liu, Z., Yang, J., Zondlo, J.W., Stiller, A.H. and Dadyburjor, D.B. 1996. In situ impregnated iron-based catalysts for direct coal liquefaction. Fuel 75 ; 51-57.

Lowry, H. H. 1963. Chemistry of Coal Utilization. Sup. Vol., John Wiley & Sons Inc, New York.

Lowry, H. H. 1981. Chemistry of Coal Utilization sec. sup. vol., John Wiley and Sons Inc., New York

Marshall, M., Jackson, W.R., Larkins, F. P., Hastwell, M. R., Rash, D. 1982. Synergistic catalytic effect in the hydrogenation of brown coals. Fuel 61; 121-123.

Martinez, M. T., Martinez, M. D., Osacar, J., Miranda, J. L. 1988. Coal Liquefaction of Coal Hydrogenation Catalysts. Fuel Process. Techn., 18;51-58.

Matthews, R.W. and McEvoy, S.R. 1992. Photocatalytic deradation of phenol in presence of near-UV illuminated titanium dioxide. J. Photochem. Photobiol. A: Chemistry, 64; 231-246.

Miller, R. N. and Given, P.H. 1986. The Association of Major, Minor and Trace Inorganic Elements with Lignites. Experimental Approach and Study of a North Dakota Linnite, Geochim. Cosmochim. Acta 50; 2033-2044.

Miura, K., Mae, K., Morikawa, H., hashimoto, K. 1994. Flash Hydropyrolysis of Coal Impregnated with Catalyst through Solvent Swelling. Fuel, 73; 443-448.

Mukherjee, D. K., and Chowdhury, P. B., 1976. Catalytic effects of mineral matter constituents a north Assam coal on hydrogenation. Fuel, 55; 4-13.

Neavel, R.C. 1976. Liquefaction of coal in hydrogen-donor and non-donor vehicles. Fuel 55; 237-242.

Nomura, M., Sakashita, H., Miyake, M., Kikkawa, S. 1983. Comparison of coal hydroliquefaction catalysed by $ZnCl_2$ - MCln (CuCl, $CrCl_3$ and $MoCl_5$) and $ZnCl_2$ melts. Fuel 62; 73-77.

Öztaş, N. A. , Yürüm, Y. 2000. Pyrolysis of Turkish Zonguldak bituminous coal. Part 1. Effect of mineral matter. Fuel, 79; 1221-1227.

Pişkin, S. 1988. Kömürlerin Sıvılaştırılması. Kömür Kimyası ve Teknolojisi, Kural, O. (ed.), 411 s., İstanbul.

Probstein, R. F., Hicks, R. E. 1985. Synthetic Fuels. McGraw-Hill Book Comp., Singapur.

Ram, L.C., Tripathi, P. S. M., Jha, S. K., Sharma, K. P., Singh, G., Mishra, S. P. 1997. γ-irradiation of coal and lignite: effect on extractability. Fuel Proc. Technol. 53: 1.

Richardson, S.D., Thruston, A. D., Collette, T. W., Patterson, K. S., Lykins, B. W. and Ireland, J. C. 1996. Identification of TiO_2/UV disinfection byproducts in driking water. Environ. Sci. Technol. 30; 3327.

Sato, Y., Imuta, K., Yamakowa, T. 1981. Catalytic effect of metallic halide on non-solovent coal hydrogenation at short contact time. Fuel 60; 1159-1163.

Scandola, F., Balzani, V. 1988. Interaction between light and matter. Photochemistry, Ch 2, 9-44.

Schobert, H.H. 1992. Catalytic and chemical behavior of coal mineral matter in the coal conversion process NATO ASI on: Clean Utilization of Coal, Coal Structure and Reactivity Cleaning and Environmental Aspects, Y. Yürüm (ed.), 65-73, Akçay.

Serpone, N., Borgarelo, E., Harris, R., Cahill, P., Borgarello, M. 1986. Photocatalysis over TiO_2 supported on a glass substrate. Solar Energy Materials, 14; 121-127.

Söğüt, F. 1992. İşlem görmüş ve görmemiş linyitlerin tetralindeki çözünürlüğüne UV ışınlarının etkisinin incelenmesi. Yüksek Lisans Tezi, Ankara Üni. Fen Bilimleri Enstitüsü, Ankara.

Söğüt, F. 1997. UV ışınları etkisiyle linyitlerin desülfürizasyonu. Doktora Tezi, Ankara Üni., Fen Bilimleri Enstitüsü, Turkiye.

Söğüt, F., and Olcay, A. 1998. Dissolution of lignites in tetralin at ambient temperature: effects of ultraviolet irradiation. Fuel Processing Technology, 55: 107.

Şenvar, C., Alpaut, O. 1980. Maddenin üç hali. Fizikokimya cilt 1, 470-477.

Şimşek, E. H. 1997. Türk kömürlerinin mikrodalga enerji etkisiyle tetralindeki hidrojenasyonu. Doktora Tezi, Ankara Üni. Fen Bilimleri Enstitüsü, Ankara.

Şimşek, E. H. , Karaduman, A. , Olcay, A. 2001a. Liquefaction of Turkish coals in tetralin with microwaves. Fuel Processing Technology, 73; 111-125.

Şimşek, E.H., Karaduman, A., Olcay, A., 2001b. Investigation of dissolution mechanism of six Turkish coals in tetralin with microwave energy. Fuel, 80; 2181-2188.

Şimşek, E.H., Karaduman, A., Toğrul, T. 2002. The effect of moisture on the liquefaction of some Turkish coals in tetralin with microwave energy. Energy Sources, 24; 675-684.

Tomlinson, G., Gray, D., Neuworth, M. 1985. the impact of rank-related coal properties on the response of coal to continuous direct liquefaction processes. Proc. International conference on Coal Science, 28-31 Ekim, 3 s., Sydney.

Tripathi, P.S.M., Ram, L. C., Jha, S.K., Bandopadhyay, A. K., Murty, G. S. 1991. Radiolytic desulphurisation of high-sulphur Indian coals. Fuel 70(1): 24.

Tripathi, P. S. M., Mishra, K. K., Roy, R. R. P., Tewari, D. N. 2001. γ- Radiolytic desulphurisation of some high-sulphur Indian coals catalytically accelerated by MnO_2. Fuel Processing Technology, 70;77-96.

van Krevelen, D. N., 1961. Coal, Elsevier Pub. Company, Amsterdam.

Wang, L., Cui, Z, Liu, S. 1992. The application of mössbauer spectroscopy to the study of coal liquefaction with iron catalysts. Fuel, 71; 755-759.

Wang, R., Patrıck, J.W., Clarke, D.E. 1996. Studies of catalysed, solvent-mediated coal dissolution without H_2 overpressure. Fuel, 75; 664-668

Watanable, Y., Yamada, H., Kawasaki, N., Hata, k., wada, K., Mitsudo, T. 1996. $Fe(CO)_5$-sulfur Catalysed Coal Liquefaction in H_2O-CO Systems.Fuel,75;46-50.

Wheelock, T. D., Markuszewski, R.1984. Coal Preparation and Cleaning. The Science and Technology of Coal and Utilization, B.R. Cooper and W.A., Ellingson (eds.), 47 s., Plenum, New York.

Whitehurst, D. D. 1977. A primer on the chemistry and contitution of coal. ACS Ind. Eng. Chem. Div. Meeting Chicago.

Whitehurst, D.D., Mitchell, T.O. and Farcasiu, M. 1980. Coal Liquefaction. The Chemistry and Technology of Thermal Processes.Academic Press, NewYork.

Wiser, W.H. 1973. Proceedings of the EPRI conference on coal catalysis Palo Alto, CA., pp. 3.

Yamashita, H., Ichihashi, Y., Harada, M., Stewart, G., Fox, M.A., Anpo, M. 1996. Photocatalytic degradation of 1-octanol on anchored titanium oxide and on TiO_2 powder catalysts. Journal of Catalysis,158; 97-101.

Yeber, M. C., Rodriguez, J., Freer, J., Duran, Mansilla, H.D. 2000. Photocatalytic degradation of cellulose bleaching effluent by supported TiO_2 and ZnO. Chemosphere 41; 1193-1197.

Yener, G. 1998. Güneşten Koruyucu ve Bronzlaştırıcı Maddelerin Sınıflandırılması ve Etki Mekanizmaları. Türkiye Klin. Kozmetoloji 1; 96-99.

Yürüm, Y. and Yiğinsu, İ.. 1982. Depolymerization of Türkish lignite 3.Effect of ultraviolet radiation. Fuel, 61; 1138-1140.

Zhang, S.F., Herod, A.A., Kandiyoti, R. 1997. Effectiveness of dispersed catalysts in hydrocracking a coal liquefaction extract : a screening study. Fuel 76; 39-49.

Zhao, J., Feng, Z., Huggins, F. E., Huffman, G. P. 1994. Binary iron oxide catalysts for direct coal liquefaction. Energy and Fuels 8, 38-43.

Zmierczak, W., Xiao, X., Jesse, C. 1993. Hydrogenolytic activity of soluble and solid iron-based catalysts as related to coal liquefaction efficiency. Am. Chem. Soc. Div. Fuel chem. Prepr., 38(1);117-123.

Printed by Books on Demand GmbH, Norderstedt / Germany